Mohammed Dhriyyef
Fatima Zahra Belhaj

Audit énergétique et la mise en œuvre de la norme ISO 50001

AF063946

Mohammed Dhriyyef
Fatima Zahra Belhaj

Audit énergétique et la mise en œuvre de la norme ISO 50001

Audit, Diagnostique et plans d'action pour l'optimisation de la consommation d'énergie électrique

Éditions universitaires européennes

Impressum / Mentions légales
Bibliografische Information der Deutschen Nationalbibliothek: Die Deutsche Nationalbibliothek verzeichnet diese Publikation in der Deutschen Nationalbibliografie; detaillierte bibliografische Daten sind im Internet über http://dnb.d-nb.de abrufbar.
Alle in diesem Buch genannten Marken und Produktnamen unterliegen warenzeichen-, marken- oder patentrechtlichem Schutz bzw. sind Warenzeichen oder eingetragene Warenzeichen der jeweiligen Inhaber. Die Wiedergabe von Marken, Produktnamen, Gebrauchsnamen, Handelsnamen, Warenbezeichnungen u.s.w. in diesem Werk berechtigt auch ohne besondere Kennzeichnung nicht zu der Annahme, dass solche Namen im Sinne der Warenzeichen- und Markenschutzgesetzgebung als frei zu betrachten wären und daher von jedermann benutzt werden dürften.

Information bibliographique publiée par la Deutsche Nationalbibliothek: La Deutsche Nationalbibliothek inscrit cette publication à la Deutsche Nationalbibliografie; des données bibliographiques détaillées sont disponibles sur internet à l'adresse http://dnb.d-nb.de.
Toutes marques et noms de produits mentionnés dans ce livre demeurent sous la protection des marques, des marques déposées et des brevets, et sont des marques ou des marques déposées de leurs détenteurs respectifs. L'utilisation des marques, noms de produits, noms communs, noms commerciaux, descriptions de produits, etc, même sans qu'ils soient mentionnés de façon particulière dans ce livre ne signifie en aucune façon que ces noms peuvent être utilisés sans restriction à l'égard de la législation pour la protection des marques et des marques déposées et pourraient donc être utilisés par quiconque.

Coverbild / Photo de couverture: www.ingimage.com

Verlag / Editeur:
Éditions universitaires européennes
ist ein Imprint der / est une marque déposée de
OmniScriptum GmbH & Co. KG
Heinrich-Böcking-Str. 6-8, 66121 Saarbrücken, Deutschland / Allemagne
Email: info@editions-ue.com

Herstellung: siehe letzte Seite /
Impression: voir la dernière page
ISBN: 978-3-8417-4472-2

Copyright / Droit d'auteur © 2015 OmniScriptum GmbH & Co. KG
Alle Rechte vorbehalten. / Tous droits réservés. Saarbrücken 2015

Résumé

Dans une politique de développement durable, le groupe COSUMAR s'est engagé de contrôler et de réduire la consommation énergétique de ses unités de production. C'est dans cette perspective que s'inscrit notre projet de fin d'études intitulé « audit, diagnostic et plan d'action pour l'optimisation de la consommation de l'énergie électrique ».

Nous avons adopté une démarche consistante visant en première étape à effectuer des analyses détaillées sur la consommation électrique par le biais des factures électriques , en deuxième étape , nous avons ciblé les installations énergivores telles que les systèmes de pompage et compression d'air comprimé …,dans le but de repérer les possibilités d'amélioration et d'optimisation de la consommation enfin , nous avons étudié la faisabilité technique et économique de ces solutions afin de faciliter leur mise en œuvre .

A l'issue de l'étude technico-économique, nous avons proposé des plans d'action et quelques recommandations, permettant un gain de **1161391,52 DH** dans la facture, avec une réduction de **1165,34** tonnes de CO_2 chaque année.

Abstract

In a sustainable development policy, COSUMAR GROUP is committed to control and reduce the energy consumption of it factories. It is in this context that fits our graduation project entitled « energy audit for the purpose to minimize the electrical energy ».

During the implementation of this energy audit, we have adopted a consistent approach, firstly to perform detailed energy consumption by effective management of the energy bill analysis. In the second step we will take an in-depth audit of the sectors with overconsumption such pumping and air compressors system ..., to identify opportunities for optimization and improvement. Finally, we studied the technical and economic feasibility of certain solutions to facilitate their implementation.

At the end of the techno-economic study, we proposed an action plan and some recommendations, for a gain of **1161391.52** in energy, with a reduction **1075, 19 tons** of CO_2 a year.

LISTE DES TABLEAUX :

Tableau 1 : Le relevé des puissances maximales en 2013 24
Tableau 2 : Les relevés des puissances appelées chaque mois, l'indice de max et cosϕ 29
Tableau 3 : Les nouvelles puissances appelées si cos(φ) = 0.96 30
Tableau 4 : Récapitulatif des gains 32
Tableau 5 : La répartition de la consommation annuelle par tranche horaire 32
Tableau 6 : Les tranches horaires 33
Tableau 7 : Caracteristiques nominales des pompes 48
Tableau 8 : Débit moyen de fonctionnement des pompes 48
Tableau 9 : Calcul de la puissance absorbée par les pompes à vitesse fixe et à débit variable 49
Tableau 10: Puissance absorbée par la pompe du jus trouble 1 50
Tableau 11: Désignation des différents elements du compresseur 55
Tableau 12 : Heures de fonctionnement du compresseur 1 58
Tableau 13 : Heures de fonctionnement du compresseur2 59
Tableau 14 : Consommation du compresseur 1 60
Tableau 15 : Consommation du compresseur 2 60
Tableau 16 : Extrait du tableau des mesures 62
Tableau 17 : Tableau de mesures de THD 64
Tableau 18: les relevés des puissances appelées chaque mois, l'indice de max et cos(ϕ) 68
Tableau 19 : Récapitulatif du gain apporté par la réduction de la contre pression 72
Tableau 20 : Calcul des pertes dues à la non calorifugation 74
Tableau 21 : Récapitulatif des gains aprés calorifugeage 75
Tableau 22 : Consommation de la pompe du jus trouble avant et après mise en place d'un VEV 77
Tableau 23 : Récapitulatif des gains apportés par le VEV 78
Tableau 24 :La consommation électrique du compresseur 1 81
Tableau 25 :La consommation électrique du compresseur 2 82

Tableau 26 : Récapitulatif des gains par la mise en place d'un VEV au niveau des compresseurs 82

Tableau 27 : Gain en energie electrique suite a l'utilisation des moteurs IE2 84

Tableau 28 : Gain récapitulatif des gains 84

Tableau 29 :Calcul du coût d'investissmeent et de la période de rentabilité 89

Tableau 30 :Calcul du coût d'investissmeent et de la période de rentabilité 89

Tableau 31 :Rendement des moteurs exigés par la norme CEI 60034....................................

Tableau 32 :Calcul des gains énergetiques, économIques et écologique et de la période de rentabilité 91

Tableau 33 :Récapitulatif des solutions proposées chiffrées 92

LISTE DES FIGURES

Figure 1 : Organigramme de la société SUNABEL MBK 8
Figure 2 : Processus de fabrication du sucre 9
Figure 3 : La distribution du réseau électrique de la SUNABEL MBK 17
Figure 4 : L'évolution des puissances maximales appelées pendant 2013 pour 150 kVA 25
Figure 5 : L'évolution des puissances maximales appelées pendant 2013 pour 1000 kVA 26
Figure 6 : La puissance souscrite optimale dans huit moiS 27
Figure 7 : La puissance souscrite optimale pour les quatre mois 28
Figure 8 : La puissance souscrite optimale avec $\cos(\varphi) = 0.96$ pendant huit mois 31
Figure 9 : la puissance souscrite optimale avec $\cos(\varphi) = 0.96$ pour quatre mois 31
Figure 10: Graphe de consommation par tranche horaire 33
Figure 11: La répartition de la consommation électrique par tranche horaire en kWh et en DH 34
Figure 12: Principe de cogénération 37
Figure 13 : Principe de la production de la vapeur 38
Figure 14: Caractéristiques de la turbine 40
Figure 15 : Caractéristiques du reducteur 40
Figure 16: Plaque signalétique de l'alternateur 41
Figure 17 : Caractéristiques de la chaudière à charbon 42
Figure 18 : Caractéristiques de la chaudière à bagasse 42
Figure 19 : Courbe de la pompe 46
Figure 20 : Courbe de puissance absorbée 46
Figure 21: Courbe de NPSH 46
Figure 22 : Courbe caractéristique la pompe jus trouble régulée par vanne automatique 51
Figure 23 : Courbe de puissance du jus trouble 51
Figure 24 : Conversion de l'air atmosphérique en air comprimé 52
Figure 25: Coupure d'un compresseur rotatif à vis type d'Atlas Copco 53
Figure 26 : Vue d'arrière du compresseur G45 55
Figure 27 : Circuit d'air dans le compresseur G45 56

Figure 28 : Système de régulation en charge 57
Figure 29 : Allure de l'évolution du rendement et du facteur de puissance en fonction du facteur de charge pour un moteur asynchrone 61
Figure 30 : Diagramme de mollier 1 70
Figure 31 : Diagramme de mollier 2 71
Figure 32 : Economie d'énergie par modulation de la vitesse de rotation 76
Figure 33 : Consommation des pompes à VV via des pompes à VF 79

LISTE DES ABREVIATIONS :

REFERENCE	DESIGNATION
PED	Pays en voies de développement
g	gramme
ml	millilitre
bar	Unité de pression
°C	Degrés Celsius
SMÉ	système de management de l'énergie
PDCA	Plan-Do-Check-Act, Planifier-Faire-Vérifier-Agir
ONE	Office Nationale de l'électricité
TGBT	Tableau Générale Basse Tension
DH	Dirhams
kWh	Kilowattheure
RPS	Redevance de la Puissance Souscrite
RDPS	Redevance de Dépassement de la Puissance Souscrite.
RC	Redevance de Consommation
Indice de Max appelé	Puissance active appelée
MEEE	Mesures d'économie d'énergie électrique
THD	Distorsion Harmonique total
VEV	Variateur Electronique de Vitesse
VV	Vitesse Variable
VF	Vitesse Fixe
HMT	Hauteur manométrique totale
ISO	Organisation internationale de la normalisation

Remerciements

Au terme de ce stage, nous saisissons cette occasion pour exprimer nos vifs remerciements à toute personne ayant contribuée, de près ou de loin, à la réalisation de ce projet.

Nous souhaitons tout d'abord remercier notre parrain de stage **M. D.YOUSFI** qui nous a encadrés avec patience durant la période de stage, et qui a veillé à ce que notre stage passe dans les meilleures conditions.

L'expression de notre haute reconnaissance à **M.D.YOUSFI**, notre tuteur académique ainsi qu'à **M.LAMRINI, M.AOULA, et M.NATI** qui n'ont épargné aucun effort pour mettre à notre disposition la documentation et les explications nécessaires.

Nous exprimons également notre gratitude à la direction des ressources humaines du groupe COSUMAR, qui nous ont honorés en nous offrant l'opportunité de passer notre stage de fin d'études au sein de cette raison sociale.

Enfin nous tenons à remercier l'ensemble du personnel de la SUNABEL MBK, ainsi que le corps professoral de la filière **Génie Electrique** et de l'**E**cole **N**ationale des **S**ciences **A**ppliquées d'**O**ujda.

Bibliographie

Abdellatif TOUZANI Expert en énergie, Formation en Efficacité Energétique et la norme ISO 50 001 sur les Systèmes de Management de l'Energie

http://www.worldenergyoutlook.org/resources/energydevelopment/energyaccessprojectionsto2030/

http://eduscol.education.fr/rnchimie/gen_chim/triboulet/rtf/mecafluide.pdf

http://inverter.ecc.emea.honeywell.com/Download/h-energy-VDF-fr.pdf

Energie mines et ressources CANADA, Serie de la gestion de l'énergie 14 :Compresseurs et turbines p 36.

Savoir ksb volume 4, Régulation des pompes /automatisation des pompes

Alain Van Beneden, Sales Manager Motors & Drives BeLux, (16-06-2011) :Efficacité Energétique dans l'industrie L'utilisation de variateurs de fréquence, un gain acquis

Roger Cadiergues (Polytechnicien (1942). Membre de l'Association des ingénieurs en climatique, ventilation et froid et à l'origine du mot génie climatique) :
http://www.enertech.fr/pdf/50/deperditions-tube.pdf.

http://philippe.roux.7.perso.neuf.fr/Resources/Cours%20thermique.pdf

cours audit énergétique ENSEM 070113
M.Amine, M.*aissa* rapport de stage d'audit énergétique
Rapports de stage, Groupe *Cosumar*
http://www.iso.org/iso/fr/home/standards/management-standards/iso50001.htm

http://formation.xpair.com/voirCgaz/principaux_composants_chaudieres_murales_mixtes_standard-partie1.htm

Energie mines et ressources CANADA, Serie de la gestion de l'énergie 14 :pompes et ventilateurs et turbines

http://www.schneider-electric.fr/

http://www.leroy-somer.com/pdf/news/ac00143.pdf

Dédicace

A mes chers parents,

Aucune dédicace ne saurait exprimer ma reconnaissance, et mon amour éternel pour les sacrifices que vous avez consenti pour mon instruction et mon bien être.

Je vous remercie pour tout le soutien et l'amour que vous portez depuis mon enfance et j'espère que votre bénédiction m'accompagne toujours.

A mon cher frère Omar El Farouk,

A mes chers ami(e)s,

A ma famille,

A mes anciens professeurs,

A tous ceux qui ont cru en moi,

Je dédie cet humble travail et qu'ils acceptent d'agréer mon respect et ma gratitude.

Fatima Zahra BELHAJ

Dédicace

A la mémoire de mon père, j'aurais tant aimé que tu sois présent que Dieu garde ton âme en paix.

A ma mère, quoi que je fasse, je ne pourrais jamais te récompenser pour les grands sacrifices que tu as faits pour moi.

Aucune dédicace ne serait exprimée mes respects, mes considérations et ma grande admiration pour toi.

Je dédie ce modeste travail :

A mes deux frères et à ma sœur,

A tous mes amis qui n'ont cessé de m'encourager, de me prêter main forte, et de m'apporter leur soutien moral tout au long de la réalisation de ce projet de fin d'études.

Mohammed DHRIYYEF

Sommaire

INTRODUCTION GENERALE …….. 1
Cahier de charges ….. 3
Chapitre 1 : Présentation de l'organisme d'accueil , et généralités sur l'efficacité énergétique……….. 4
Introduction…………………………………….…..…..4
    I.   Présentation de la société COSUMAR et de la SUNABEL MBK….......................... 5
        1.   Présentation de la COSUMAR : compagnie sucrière marocaine et de raffinage….. 5
        1.1   Historique de la COSUMAR…….. 5
        1.2   Le groupe COSUMAR….. 5
        2.   Présentation du groupe SUNABEL MBK…... 6
        2.2   La SUNABEL machraa belksiri ….. 7
        2.3   Organigramme de la SUNABEL MBK…... 8
    II.   Description du processus de fabrication du sucre blanc….. 9
        1.   Réception de la betterave…….. 9
        2.   Déchargement…….. 9
        3.   Alimentation et lavage……….. 10
        4.   Découpage…….. 10
        5.   Diffusion …….. 10
        6.   Epuration ………... 11
        7.   Evaporation…… ………….. 13
        8.   Cristallisation ………... 13
    III.   Généralités sur l'efficacité énergétique…... 13
        1.   Qu'est ce que c'est que l'efficacité énergétique ?….. 13
        2.   ISO 50 0001 de quoi s'agit-il ?.. 14
        3.   Méthodologie appliquée pour la mise en œuvre de notre projet d'audit énergétique ……..... 15
Conclusion………………… …………………..15
Chapitre 2 : Description de la distribution du réseau électrique au sein de la SUNABEL MBK …... 16
Introduction……………………………………………………….....……………...…..17
    I.   Présentation du réseau électrique de la société SUNABEL-MBK …...................... 17
        1.   La distribution du réseau électrique…. 17
        2.   Les postes de transformation à la SUNABEL MBK …... 18
        3.   Les systèmes de gestion de l'énergie électrique mis en place au sein de la SUNABEL MBK……………………………………………………………………………..…….20
        3.1   Le système de délestage intelligent…... 20
        3.2   Le système de basculement automatique vers le réseau ONE …........................ 21

  3.3 Liste des machines concernées par le basculement automatique … 21

Chapitre 3 : Analyse de la facture électrique…... 22

 Introduction…... 23

  I. Analyse des factures électriques…... 23

   1. La puissance souscrite….. 23

   2. La puissance maximale appelée…... 24

  II. Optimisation de la puissance souscrite ….. 26

   1. Solution à zéro coût d'investissement … 27

   2. Solution à faible cout d'investissement, amélioration du cos ϕ.. 28

  III. Analyse de la consommation électrique….. 32

Conclusion…..34

Chapitre 4: Audit et diagnostic des installations énergivores de la SUNABEL MBK…..................... 35

Introduction…..36

Section A: Audit de la centrale thermique de la sunabel mbk :…... 36

  I. Principe de fonctionnement de la centrale thermique au sein de l'usine SUNABEL MBK…..36

   1. Description des chaudières installées à la SUNABEL MBK….. 37

    1.1 Définition ….. 37

    1.2 Les composants de la chaudière…... 37

    1.3 Les étapes de la production de la vapeur d'eau …................................. 38

   2. Description des groupes turbo-alternateurs existant à la sunabel mbk …................... 39

    2.1 La turbine….. 40

    2.2 Le réducteur…... 40

    2.3 L'alternateur…... 41

  II. Diagnostic des chaudières et des turbo-alternateurs 41

   1. Les chaudières ….. 41

   2. Les groupes turbo-alternateurs …... 43

Section B : Audit et diagnostic du système de pompage…... 43

  I. Description du système de pompages installés à SUNABEL MBK …...................... 43

   1. Les catégories de pompes installées à la SUNABEL MBK…............................. 43

   2. Caractéristique essentielle d'une pompe….. 44

   3. Courbes caractéristiques de pompe ….. 45

  II. Diagnostic des pompes installées à la station d'épuration …................................. 47

   1. Calcul de la consommation électrique des pompes à vitesse fixe…................... 48

Section C : Audit et diagnostic de la consommation électrique des compresseurs 52

  I. Généralités sur les compresseurs d'air comprimé 52

   1. Qu'est ce que c'est qu'un compresseur d'air comprimé… 52

    2. Les différents type de compresseurs………... 52
  II. Description des compresseurs installés au poste de filtration PKF …... 54
    1. Description des deux compresseurs installés à la PKF…... 54
    2. Système de réglage des compresseurs installés à la station PKF… 56

  III. Diagnostic des compresseurs d'air installés à la PKF 58
  IV. Estimation de la consommation actuelle des compresseurs ….. 58
    1. Calcul des heures totales de fonctionnement …... 58
    2. Calcul de la consommation électrique des compresseurs d'air de la PKF…...................... 59
      2.1 Consommation du compresseur d'air 1 (côté mur)….. 59
      2.2 Consommation du compresseur d'air 2 (côté décanteur bruckner)…............................ 60

Section D : Audit et diagnostic de l'ensemble des moteurs électriques ….. 61
  I. Campagne de mesure sur les moteurs installés…. 61
  II. Mesure du thd au niveau des transformateurs…. 63
    1. Définition ….. 63
    2. Mesure du THD... 64
    3. Analyse et résultats ….. 65

Conclusion……....………………………………………………………………….……....65

Chapitre 5 : plans d'action proposés pour l'optimisation de la consommation électrique…................ 66
Introduction….. 67
  I. Compensation de l'énergie réactive…... 67
    1. Calcul de la puissance réactive Q_C de compensation… 67
  II. Optimisation de la puissance active fournie par les turbo-alternateurs 69
    1. Généralités sur l'enthalpie …... 69
    2. Méthode de calcul d'enthalpie …... 70
    3. Puissance de la turbine …... 71
    4. Calcul de la puissance électrique récupérée… 72
  III. Optimisation des pertes thermiques au niveau des conduites de tuyauterie de la chaudière. 73
  IV. Optimisation de la consommation électrique au niveau du système de pompage…............. 75
    1. Calcul de la consommation électrique des pompes à variateur de vitesse......................... 76
  V. Optimisation de la consommation électrique au niveau des compresseurs d'air comprimé…..79
    1. Calcul de la consommation électrique des compresseurs d'air avec entrainement à vitesse variable 80
      1.1. Consommation du compresseur d'air 1 (côté mur) doté d'un VEV............................... 80
      1.2. Consommation électrique du compresseur d'air 2 avec VEV 81
  VI. Actions et recommandations sur les moteurs électriques :... 83

1. Action appliquées : 83
2. Action à entreprendre 83
Conclusion. 84
Chapitre 6 : Etude technico-économique 85
Introduction. 86
   I.   Choix des batteries de condensateurs… 86
       1.   Méthodologie de sélection d'équipement de compensation 86
       2.   Choix effectué 86
   II.   Choix des variateurs électroniques de vitesse 87
       1.   Critères de choix 87
       2.   Gamme de produit choisie. 87
       3.   Calcul du coût d'investissement et de la période de rentabilité. 89
   III.   Choix du calorifugeage et calcul du coût d'investissement et de la période de rentabilité....
....89
   IV.   Choix des moteurs à haut rendement et calcul du coût d'investissement. 90
Conclusion. 91
   CONCLUSION GENERALE 93

INTRODUCTION GENERALE :

La hausse de la demande mondiale d'énergie constitue une menace réelle et de plus en plus grave à court terme pour la sécurité énergétique de la planète. La demande des énergies fossiles ainsi que la dépendance de tous les pays consommateurs à l'égard des importations pétrolières et gazières ne cesse d'augmenter. Le Maroc, pays en voies de développement (PED) n'échappe pas à la nécessité de réduire sa dépendance énergétique. Cependant L'optimisation du rendement énergétique est un vrai challenge pour les grandes industries au Maroc comme le leader du marché marocain du sucre Le Groupe COSUMAR.

En effet, le groupe COSUMAR ne peut se permettre de négliger l'amélioration des résultats et de sa position concurrentielle qui peut être réalisé à partir de la rationalisation de l'utilisation de l'énergie par ses procédés industriels existants dans ses différentes unités de production. Ainsi une grande attention est accordée à l'effort pour produire suffisamment d'électricité et de répondre parfaitement à la demande électrique.

Notre projet de fin d'études au sein de SUNABEL MBK, filiale du groupe COSUMAR, a essayé de répondre à cette problématique, en dressant une proposition chiffrée et argumentée de programme d'économie d'énergie électrique à partir d'un audit énergétique, des installations électriques afin d'optimiser la consommation de l'énergie électrique.

Notre audit réalisé jusqu'à maintenant a permis de mettre en exergue des mesures d'économie d'énergie comprenant des recommandations et de mesures ne nécessitant pas d'investissements, des actions ne nécessitant que de faibles coûts investissements et quelques actions de plus grande envergure.

A travers ce mémoire, nous nous proposons de commencer par une présentation succincte de l'organisme d'accueil, suivi par un aperçu général sur la méthodologie de mise en œuvre d'un projet d'efficacité énergétique dans l'industrie selon la norme ISO 50 001.

Ensuite nous allons décrire dans un deuxième chapitre le réseau électrique et sa distribution au sein de l'usine, une analyse de la facture et de la consommation électrique fera l'objet du troisième chapitre. Dans le quatrième chapitre, nous détaillerons les installations énergivores ciblées dans notre audit afin de déterminer les gisements potentiels d'économie d'énergie.

Enfin nous élaborons une étude technico-économique pour justifier les investissements et convaincre le maitre d'ouvrage de la rentabilité des solutions proposées.

Les principales mesures d'économie d'énergie recommandées pour optimiser la consommation d'énergie et réduire les coûts des factures sont :

- Optimisation de la puissance souscrite.
- Amélioration du cos ϕ.
- Installation des variateurs de vitesse pour l'entrainement des pompes et pour l'entrainement des compresseurs d'air comprimé.
- Réglage de la valeur de la contre pression au niveau de la turbine à vapeur.
- Substitution des équipements par des équipements à haut rendement (moteurs, électriques,…)
- Gestion et organisation des chemins de câbles et des accessoires (contacteurs, fusibles,…).
- Maintenance des équipements.
- Isolation des circuits de vapeur et d'eau chaude au niveau de la chaudière

Cahier de charges :

L'objectif principal de notre étude est d'optimiser la consommation électrique afin de réduire la facture énergétique de la SUNABEL MBK.

Les trois phases suivantes sont nécessaire afin d'établir notre audit.

Phase 1 : Collecter les données.

- Inventaire de tous les consommateurs d'électricité de l'usine SUNABEL MBK.
- Recueil des données (factures d'électricité, relevé quotidien de la consommation électrique, comportement des employés, interview avec le personnel ...).

Phase 2 : Mesurer, Analyser et traiter les données

- Analyse des factures,
- Réalisation des mesures,
- Traitement des données,
- Diagnostic des installations électriques énergivores de l'usine SUNABEL MBK en vue de déceler les défaillances qui s'opposent à l'optimisation de la consommation.

Phase 3 : Proposer les plans d'action

- Proposition des solutions à court, moyen et long termes permettant de réduire, la facture d'électricité,
- Identification des améliorations possibles dans la gestion énergétique,
- Identification des améliorations relatives à la maintenance/exploitation,
- Etablissement d'un bilan économique : calcul des investissements, des économies envisageables, le temps de retour sur investissement, les kWh et la quantité de CO_2 économisées.

Chapitre 1 : Présentation de l'organisme d'accueil, et généralités sur l'efficacité énergétique

I. Présentation de la société COSUMAR et de la SUNABEL-MBK :

1. Présentation de la COSUMAR : compagnie sucrière marocaine et de raffinage :

LA COSUMAR, filiale du Groupe SNI, est le seul producteur de sucre sur le marché national. Il a pour rôle :

- Extraction du sucre à partir des plantes sucrières
- Conditionnement du sucre

Elle produit une gamme variée de produits à savoir :

- Produits finis : sucres granulés,
- Sous-produits : pellets, pulpe, bagasse, mélasse.

1.1 Historique de la COSUMAR

- Fondée en 1929 par la société Saint-Louis de Marseille sous le sigle COSUMA.
- En 1967, l'État marocain devient actionnaire à 50% du capital de COSUMA d'où le nom COSUMAR.
- En 1985, prise de contrôle du capital COSUMAR par le Groupe SNI et introduction en Bourse.
- En 1993, COSUMAR intègre, par fusion, les sucreries de Zemamra et de Sidi Bennour.
- En 2005, COSUMAR acquiert 4 sucreries : SURAC, SUTA, SUCRAFOR & SUNABEL.

1.2 Le Groupe COSUMAR

→ **COSUMAR S.A** : la raffinerie de Casablanca ; la sucrerie de Sidi Bennour et le centre de conditionnement de Zemamra.

→ **Ses FILIALES:**

- SURAC : 2 sucreries de canne dans la région du Gharb (MBK, KSIBIA)
- SUNABEL : 2 sucreries de betterave dans la région du Gharb et Loukkos (MBK, KSAR EL KEBIR).
- SUTA : 1 sucrerie de betterave dans la région Tadla (OULAD AYAD).
- SUCRAFOR : 1 sucrerie de betterave dans la région de Moulouya (ZAIO).

→ **Les chiffres clés :**

- C. A. commercial : 5,7 Milliards DH.
- Amont agricole :

Périmètres	Emblavement	Nombre d'agriculteurs	Effectif
Doukkala-Tadla-Gharb-Loukkos-Moulouya	90 000 Hectares	80 000	2500 collaborateurs.

- Sites de production : 8
- Capacité de production :
    - Betterave 40 000 Hectares.
    - Canne : 7 000 Hectares.
    - Production : 1 250 000 Tonnes sucre/an.
- Marques : Enmer, El Bellar, Al Kasbah, Palmier, La Gazelle.
- Origine de la production : 45% local - 55% import (sucre brut).

2. Présentation du Groupe SUNABEL

2.1 Historique :

1963 : Création de la première sucrerie à Sidi Slimane (sucrerie nationale du Beht : SUNAB

1968 : Création des sucreries nationales du Gharb à Mechraâ Bel Ksiri et Sidi Allal Tazi (SUNAG)

1976 : Création de la **SU**crerie **NA**tionale de **BE**tterave du **L**oukkos (Sunabel)

1997 : Constitution du Groupe SUNABEL S.A. qui est le fruit de la fusion des trois sociétés SUNAB, SUNAG et SUNABEL, dans le cadre de la politique gouvernementale visant la mise à niveau du secteur sucrier

2005 : Acquisition du Groupe SUNABEL par COSUMAR.

2006 : Lancement du projet INDIMAGE 2012 visant l'intégration le développement et la mise à niveau globale des sucreries.
Fermeture du site de Sidi Slimane dans le cadre de mise à niveau de l'outil industrie

2008 : Passage en blanc et modernisation du site de Mechraâ Bel Ksiri.

2009 : Fermeture du site de Sidi Alla Tazi dans le cadre de l'optimisation et développement de l'outil industriel

2.2 La SUNABEL usine de Mechraa Belksiri :

L'usine MBK-SUNABEL produit du sucre blanc à partir des racines de betteraves. Les sous produits ou les produits dérivés de l'usine sont : Les Pellets, la pulpe, et mélasse.

✓ **Historique de la sucrerie SUNABEL-MBK:**

1976	:	Création de la sucrerie nationale de betterave du Loukkos SUNABEL
1978	:	Démarrage de la sucrerie avec production de 20 000 tonnes de sucre blanc
1992	:	Lancement du programme de modernisation de la sucrerie.
1997	:	Fusion absorption des sucreries du Gharb et Loukkos par SUNABEL Raffinage de sucre brut du Groupe Sunabel, opération qui s'est développée avec le sucre brut d'importation en 2007
2005	:	Acquisition du Groupe COSUMAR de la filiale SUNABEL
2007	:	Production record de 142 000 tonnes de sucre blanc à partir de la betterave et de sucre brut grâce à la synergie du Groupe COSUMAR
2008	:	Augmentation du taux d'utilisation de la capacité globale de l'usine à 118 %
2009	:	Elaboration et mise en place de la stratégie QSE avec certification QSE en juillet 2009
2014	:	Extension d'usine SUNABEL. Augmenter la capacité de production de 4000tonnes à 6000tonnes de betterave par jour.

✓ **Chiffres clés de la SUNABEL-MBK:**

- Amont agricole :
  - → Emblavement: 7 500 Hectares
  - → Nombre d'agriculteurs : 5 000
- Capacité de traitement : 6 000 tonnes de betteraves par jour.
- Capacité de production : 40 000 tonnes de sucre par an.
- Effectif : 95 collaborateurs.

2.3 Organigramme de la SUNABEL MBK :

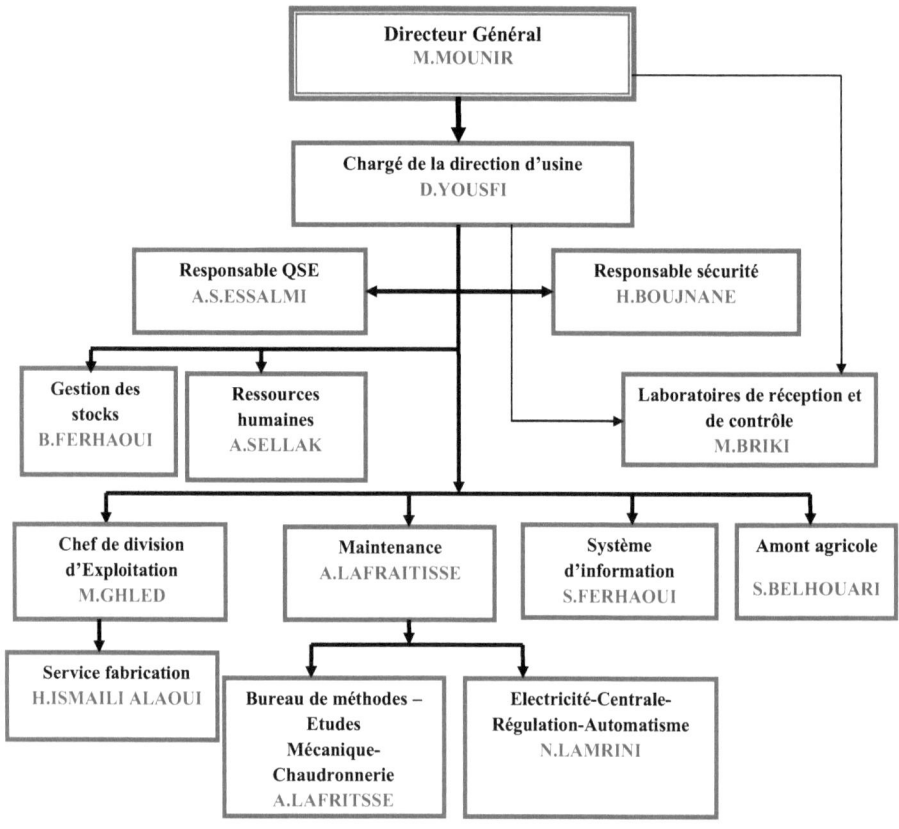

Figure 1 : Organigramme de la société SUNABEL MBK

II. Description du processus de fabrication du sucre blanc :

La production du sucre passe par de nombreuses étapes .Le schéma ci-dessous représente l'ensemble du processus de fabrication du sucre blanc.

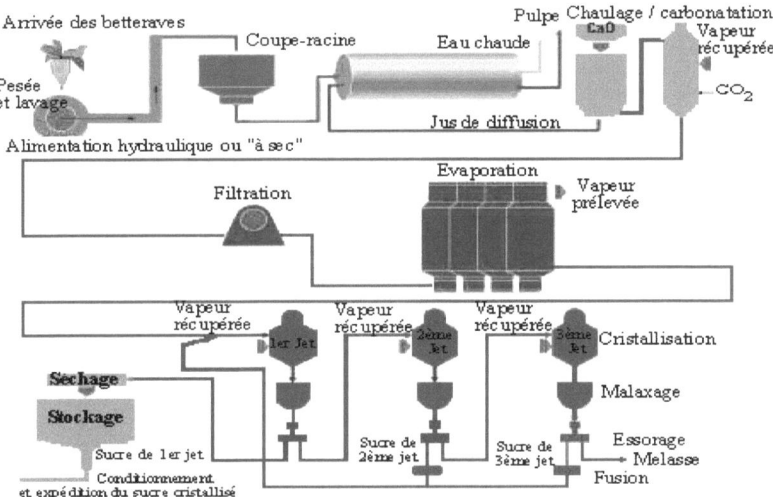

Figure 2 : Processus de fabrication du sucre

1. Réception de la betterave:

Une fois les betteraves arrivées à l'usine, un échantillon de 20 à 50 éléments est prélevé, pesé, nettoyé, puis repesé. Le différentiel de poids entre la première et la seconde pesée permet de déterminer la "tare-terre" et d'évaluer par conséquent le poids de betterave effectivement livré après nettoyage. Les racines de betteraves sont passées dans une râpeuse. On prélève ensuite 50g de la râpe de betteraves, on y ajout le « sous acétate de Plomb »,on agite le tout ,on le filtre et on le fait passer au «*saccharimètre* » afin de mesurer la polarisation de la betterave .

2. Déchargement et stockage :

Après la réception, le camion passe au poste de déchargement où il déchargent les racines de betteraves grâce à des culbuteurs qui s'inclinent de façon à favoriser la chute des betteraves, ces dernières seront transportées sur un tapis roulant, en passant par un décrotteur pour éliminer une partie de terre, puis stockées dans des silos réservés à cet effet pendant une durée moyenne de deux jours. Pendant cette période, le métabolisme respiratoire de la plante continue de se faire, il faut donc qu'elle soit la plus courte possible afin d'éviter une trop grande déperdition en sucre.

3. Alimentation et lavage :

La première opération de transformation consiste à laver les betteraves pour les débarrasser de la terre, de l'herbe, des graviers ainsi que des autres corps étrangers. Le matériel utilisé à cet effet est en principe constitué d'un trommel, d'un épierreur et d'un tapis balistique. A l'aide des pompes à betteraves, les racines de betteraves mélangées à l'eau sont refoulées vers un lavoir pour les rendre plus propres. Ensuite, elles sont stockées dans une trémie qui alimente selon le besoin les coupe-racines qui découpent les racines en fins lanières assez rigides appelées « cossettes ».

4. Découpage :

L'extraction du saccharose qui présente la matière sucrée dans la betterave se base sur le phénomène d'OSMOSE, pour faciliter sa réalisation, on découpe la betterave en tranches fines appelées «*cossettes faîtières* » par des coupe-racines, ces dernières, créent une force centrifuge par la rotation du rotor dont la vitesse est contrôlée par un variateur de fréquence. Les cossettes obtenues sont de la forme «V » pour faciliter la diffusion. Chacune de ces coupe-racines travaille pendant trois heures et contient vingt-quatre porte-couteaux verticaux dont la ligne tranchante forme une série d'ondulation à angle vif.

5. Diffusion :

Pour extraire le saccharose contenu dans la betterave, les cossettes sont acheminées vers la station de diffusion. L'extraction du sucre est obtenue par un courant d'eau «*milieu moins concentré* » circulant de façon méthodique et à contre-courant à travers des diffuseurs inclinés dans lesquelles une ou plusieurs hélices font remonter les cossettes «*milieu plus concentré* » contre la pente tandis que le jus progresse dans le sens inverse. Le jus qu'on obtient contient du *sucre dilué* et d'autres matières dissoutes appelées «*non-sucre* ». Le sucre qui s'échappe de la diffusion est perdu dans les pulpes. Pour avoir une diffusion optimale il faut travailler à une température d'environ de 720 °C dans un milieu légèrement acide dont le PH est de l'ordre de 5.8 à 6.2, à la sortie du diffuseur on récupère d'une part : l'eau d'extraction chargée de sucre appelée jus de diffusion (jus vert)qui sera acheminée vers la station d'épuration, d'autre part les cossettes épuisées ou pulpes humides qui seront destinées aux presses à pulpe.

L'eau de presse sera introduite dans le diffuseur tandis que les pulpes pressées seront transportés via des convoyeurs à la sécherie.

6. Epuration :

Le jus issu de la diffusion contient trois éléments : l'eau, le sucre et le non-sucre. Le rôle de l'épuration est d'extraire de ce jus le maximum de non-sucre, d'enlever les particules en suspension et de neutraliser le jus. Cette opération s'effectue normalement par l'action de la chaux et du gaz carbonique sur le jus.

L'épuration par la chaux va nous permettre d'éliminer 33% à 40% du non-sucre présent dans le jus. Les principaux facteurs qui déterminent la qualité de l'épuration sont :
- La quantité de la chaux (lait de chaux) utilisée et l'endroit où elle est introduite.
- Le choix du point de carbonatation.
- La limpidité du jus filtré.
- La température de l'opération.
- La régularisation du fonctionnement.

L'épuration s'effectue en plusieurs étapes :

• Pré chaulage :

Le jus de diffusion, appelé jus vert, est réchauffé à 70 °C, 72 °C et soumis à un pré chaulage progressif, c'est-à-dire en ajoutant progressivement le lait de chaux jusqu'à une alcalinité finale de 0.25 g de Cao / 100 ml, de façon à coaguler les colloïdes et à précipiter les acides donnant des sels de chaux insolubles de PH entre 7 et 11.2 bar.

• Chaulage :

Pour fournir au jus les éléments de formation de carbonate de chaux et pour assurer la dégradation complète des sucres réducteurs on suit le pré chaulage d'une addition massive de chaux ensuite on le fait circuler dans des réchauffeurs à 85 °C.

• Maturation du jus :

C'est dans le bac de maturation où le jus se repose pendant 20 min afin que les réactions chimiques se complètent.

- **1ère carbonatation:**

Le but de la 1ère carbonatation est d'éliminer la chaux en excès et de parfaire l'épuration, la 1ère carbonatation permet la précipitation des impuretés et la libération du saccharose en dopant le jus avec du CO_2 issu du four à chaux, le jus résultant de la 1ére carbonatation est nommé : jus trouble1.

- **1ère filtration :**

Cette opération consiste à séparer le jus clair 1et la boue, et d'éliminer les précipités formés au niveau du chaulage et du pré chaulage.

Il existe 4 filtres et 4 décanteurs dans la station ayant chacun une capacité de 50 m^3. La boue issue de la première filtration est envoyée par la PKF.

→ **PKF :** le boue envoyée vers la PKF passe une des filtres, le 1èr jus résultant est nommé : Grand jus, il a les mêmes caractéristique du jus clair 1 .Après le cycle de filtration , la boue se mélange avec l'eau de lavage des filtres, c'est à cette étape qu'on extrait le petit jus étant beaucoup plus pauvre que le grand .Ce dernier est envoyé vers le four à chaux pour faciliter et accélérer le temps de la préparation du lait de chaux .Une fois le grand jus et le petit jus sont extraits , il ne reste que la boues sèche de laquelle on se débarrasse .

→ **Réchauffeur avant deuxième carbonatation :** Le jus résultant de la 1ère filtration nommée jus clair 1, passe par des réchauffeurs à une température de 98 °C

- **2ème carbonatation :**

Le rôle de la 2éme carbonatation est de diminuer les impuretés dans le jus et dans la boue et d'éliminer la chaux résiduelle. Le jus résultant de la 2ème carbonatation est nommée : jus trouble 2.

- **Deuxième filtration (choquenet 2) :**

Le jus sortant de la 2éme carbonatation avec un certain pourcentage des impuretés doit subir une filtration à pression pour éliminer le maximum d'impuretés .Le premier jus extrait de ces filtres est le jus clair 2 .Ce dernier passe directement à l'évaporation, quant à la boue humide résultante de cette opération, elle sera envoyée cette fois-ci vers le bac du jus chaulé pour reprendre le même cycle .

7. Evaporation :

Le but de l'évaporation est de concentrer le sucre dans le jus venu de l'épuration, à la sortie de l'évaporateur (corps de l'évaporation) on obtient un sirop visqueux qui contient un faible pourcentage d'eau grâce à l'effet de la chaleur.

Il existe 5 corps à la station d'épuration, chacun est soumis à une température de vapeur différente, et moins importante que l'autre.

8. Cristallisation :

Nous introduisons le sirop sortant de l'évaporateur dans un appareil à cuire et nous continuons à le concentrer, (à évaporer l'eau). Quand il ne reste que 14% d'eau dans ce sirop et à 80 °C ce sirop est saturé en sucre, nous continuons à faire bouillir le sirop jusqu'il devient sursaturé, puis on introduit un peu de sucre «*semence*» pour développer les cristaux du sucre. Après on les sépare de l'eau mère dans des turbines «*centrifugeuse*» la dernière étape dans la cristallisation c'est de laver les cristaux pour obtenir du sucre blanc.

9. Conditionnement du sucre et stockage :

Le sucre blanc obtenu après la cristallisation est humide, on l'introduit alors dans un séchoir constitué d'un tambour rotatif où circule un courant d'air chaud préalablement filtré, après séchage un second tambour sert à refroidir le sucre qui est ensuite envoyé vers le stockage.

III. Généralités sur l'efficacité énergétique et la norme ISO 50 0001 :

1. Qu'est ce que c'est que l'efficacité énergétique ?

D'après l'article 1 de la **Loi n°47-09** Relative à l'efficacité énergétique, promulguée par Dahir n° 1-11-161 du 1 Kaadar 1432 (29 Septembre 2011), l'efficacité énergétique est toute action agissant positivement sur la consommation de l'énergie, quelle que soit l'activité du secteur considéré, tendant à : - la gestion optimale des ressources énergétiques ;

- la maîtrise de la demande d'énergie ;
- l'augmentation de la compétitivité de l'activité économique ;
- la maîtrise des choix technologiques d'avenir économiquement fiable ;
- l'utilisation rationnelle de l'énergie ; Et ce, en maintenant à un niveau équivalent les résultats, le service, le produit ou la qualité d'énergie obtenue.

2. ISO 50 0001 de quoi s'agit-il ?

ISO 50001:2011, Systèmes de management de l'énergie, est une norme internationale d'application volontaire élaborée par l'ISO (Organisation internationale de normalisation).

L'objet de la présente norme internationale est de permettre aux organismes d'établir les systèmes et processus nécessaires à l'amélioration de la performance énergétique, y compris l'efficacité, l'usage et la consommation énergétiques. La mise en œuvre de cette norme a pour objectif de conduire à une diminution des émissions de gaz à effet de serre, des coûts liés à l'énergie et des autres impacts environnementaux associés, par la mise en œuvre méthodique du management de l'énergie. Le succès de sa mise en œuvre dépend de l'engagement de chaque niveau hiérarchique et fonction de l'organisme et, en particulier, de la direction.

La présente norme internationale spécifie les exigences qui s'appliquent à un système de management de l'énergie (SMÉ) permettant à un organisme d'élaborer et d'appliquer une politique énergétique, et d'établir des objectifs, des cibles et des plans d'actions qui tiennent compte des obligations réglementaires et des informations afférentes aux usages énergétiques significatifs.

L'ISO 50 001 se fonde sur la méthodologie d'amélioration continue dite PDCA et intègre le management de l'énergie dans les pratiques quotidiennes de l'organisme.

L'approche PDCA peut être décrite succinctement comme suit :

▶ Planifier : procéder à la revue énergétique et définir la consommation de référence, les indicateurs de performance énergétique (IPÉ), les objectifs, les cibles et les plans d'actions nécessaires pour obtenir des résultats qui permettront d'améliorer la performance énergétique en cohérence avec la politique énergétique de l'organisme.

▶ Faire : appliquer les plans d'actions de management de l'énergie.

▶ Vérifier : surveiller et mesurer les processus et les caractéristiques essentielles des opérations qui déterminent la performance énergétique au regard de la politique et des objectifs énergétiques, et rendre compte des résultats.

▶ Agir : mener à bien des actions pour améliorer en permanence la performance énergétique et le SMÉ.

3. Méthodologie appliquée pour la mise en œuvre de notre projet d'audit énergétique :

Notre projet vise à accompagner la SUNABEL MBK dans la mise en place d'un système de management d'énergie pour améliorer la performance énergétique à savoir l'efficacité, l'usage et la consommation énergétique. La mise en œuvre de la norme internationale ISO 50 001 est l'un des objectifs tracés par la SUNABEL MBK et du Groupe COSUMAR tout entier. En effet la mise en œuvre méthodique de cette norme ISO 50 001 va conduire à une diminution des émissions de gaz à effet de serre, des coûts liés à l'énergie et des autres impacts environnementaux associés.

Par le biais de notre projet d'audit énergétique, nous avons collaboré en partie dans cette démarche. En ciblant les installations énergivores à auditer et en proposant des plans d'action permettant la réduction de la consommation et du coût énergétiques, ainsi que la réduction des émissions CO_2.

- *Méthodologie appliquée pour la mise en œuvre de notre projet :*

1) Pré diagnostic : interview et collecte des données, observation du comportement des employés, campagne de mesures.
2) Audit détaillé : recensement des machines, diagnostic des installations ciblées, analyse des factures électriques et de la consommation électrique.
3) Etude des solutions :
    - *Solutions pour l'économie de l'énergie* : Equipements à haut rendement, variateurs de vitesse, procédure de maintenance.
    - *solutions pour améliorer la qualité de l'énergie*: solutions de compensation, isolation des conduites, ajustement de la contre pression de la turbine.
    - *Solutions pour améliorer la continuité de service* : architecture des armoires, amélioration de la maintenance, organisation des chemins de câbles.
4) Etude financière des solutions proposées : Estimation des gains, calcul du coût d'investissement, et de la période de rentabilité des solutions proposées.

Chapitre 2 : Description de la distribution du réseau électrique au sein de la SUNABEL MBK

Introduction :

Avant d'entamer notre audit énergétique, il est nécessaire de connaitre tous les systèmes d'alimentation cette unité industrielle, à savoir son autoproduction d'électricité et ses systèmes de gestion et d'exploitation d'énergie électrique.

I. Présentation du réseau électrique de la société SUNABEL-MBK

1. La distribution du réseau électrique :

L'usine SUNABEL MBK est constituée de plusieurs stations pour la production du sucre et des sous produits.

Le réseau électrique est alimenté essentiellement par le réseau ONE 22kV, et par la centrale thermique de l'usine. Le schéma électrique ci-dessous illustre la distribution électrique de l'unité de production SUNABEL.

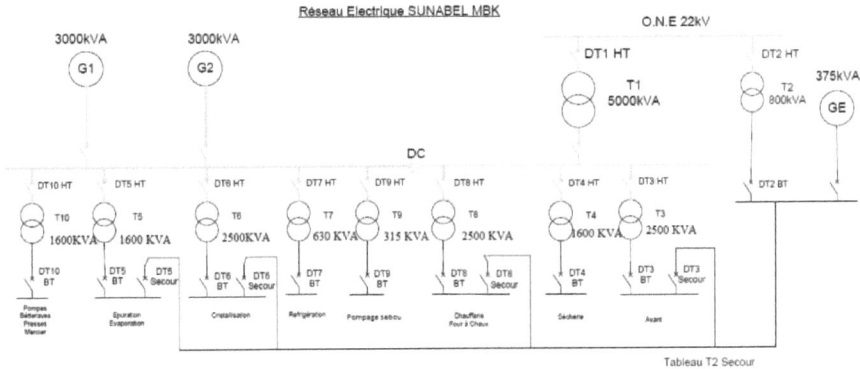

Figure 3 : la distribution du réseau électrique de la SUNABEL MBK

Le réseau électrique de l'usine est alimenté par :
- ✓ Deux postes de raccordement haute tension avec l'ONE :
  - T1HT Transformateur principal de 5000KVA 22KV/5.5KV
  - T2HT Transformateur de secours de 800KVA 22KV/400V (utilisé principalement dans l'inter campagne)
- ✓ Une centrale thermique disposant de deux groupes turboalternateurs d'une capacité de 3 MW/5.5KV chacune.
- ✓ Un groupe électrogène de secours d'une capacité de 375KVA/400V.

Toutes ces sources sont interconnectées pour alimenter le jeu de barre de 5.5KV. Ce dernier alimente les transformateurs de chaque station de l'usine. L'usine SUNABEL MBK fait appel au réseau ONE lors de l'inter campagne, lors du démarrage de l'usine ou suite à un déclenchement des éléments producteurs de l'électricité (centrale thermique).

Toutefois, il existe certains cas critiques où l'usine se trouve dans l'obligation de déclencher certaines machines ou bien de recourir vers le réseau ONE de 5000 kVA pour maintenir l'usine en marche et garantir la continuité du service. Pour ce faire, les responsables électriques ont mis en œuvre des systèmes de gestion de l'énergie électrique à savoir : le système de délestage intelligent et un système de basculement automatique vers le réseau ONE.

2. Les postes de transformation à la SUNABEL MBK :

Il existe dix postes de transformation dont chacun alimente une ou plusieurs stations.

- Transformateur T3 1600 KVA (5.5KV/400V) : Diffusion râperie

Fabricant	Brown Boveri
Nombre	1
Puissance	1600 KVA
Tension de court-circuit	5.7%
Couplage	Dy 5
Primaire	5500 V
Secondaire	400 V
Courant : Primaire/secondaire	168/2310 A

- Transformateur T4 1600KVA (5.5KV/400V) : Sécherie, abattage et déchargement E.R

Fabricant	Brown Boveri
Nombre	1
Puissance	1600 KVA
Tension de court-circuit	5.7%
Couplage	Dy 5
Primaire	5500 V
Secondaire	400 V
Courant : Primaire/secondaire	168/2310 A

- Transformateur T5 1600KVA (5.5KV/400V) : Epuration, évaporation et choquenet 1

Fabricant	Brown Boveri
Nombre	1
Puissance	1600 KVA
Tension de court-circuit	5.7%
Couplage	Dy 5
Primaire	5500 V
Secondaire	400 V
Courant : Primaire/secondaire	168/2310 A

- Transformateur T6 2500KVA (5.5KV/400V) : Cristallisation et choquenet 2

Fabricant	NEXANS
Nombre	1
Puissance	2500 KVA
Tension de court-circuit	5.96%
Couplage	Dyn5
Primaire	5500V
Secondaire	400 V
Courant : Primaire/secondaire	262.4/3608.4 A

- Transformateur T7 630KVA (5.5KV/400V)   : Réfrigération

Nombre	1
Puissance	630 KVA
Tension de court-circuit	4%
Couplage	Dyn5
Primaire	5500 V
Secondaire	400 V
Courant : Primaire/secondaire	66.2/910 A

- Transformateur T8 2500KVA (5.5KV/400V) : Chaufferie

Fabricant	NEXANS
Nombre	1
Puissance	2500 KVA
Tension de court-circuit	5.96%
Couplage	Dyn5
Primaire	5500V
Secondaire	400 V
Courant : Primaire/secondaire	262.4/3608.4

- Transformateur T9 315KVA (5.5KV/400V) : Pompage d'eau Sebou

Nombre	1
Puissance	315 KVA
Tension de court-circuit	4%
Couplage	Dyn5
Primaire	5500 V
Secondaire	400 V

- Transformateur 10 1600KVA (5.5KV/400V) : Pompes à betteraves et presses merciers

Fabricant	Brown Boveri
Nombre	1
Puissance	1600 KVA
Tension de court-circuit	5.7%
Couplage	Dy 5
Primaire	5500 V
Secondaire	400 V
Courant : Primaire/secondaire	168/2310 A

Les principaux types des charges alimentées par les transformateurs :

- Les pompes ;
- Les tours de refroidissement ;
- Les ventilateurs et les circuits de climatisation;
- L'éclairage ;
- Les moteurs pour l'entrainement de différentes machines ;
- Les stations de compression d'air.
- Les équipements informatiques.

3. Les systèmes de gestion de l'énergie électrique mis en place au sein de la SUNABEL MBK :

3.1 Le système de délestage intelligent :

Suite aux problèmes de coupure d'électricité, un système de délestage intelligent a été mis en œuvre. Ce système vise à déclencher les machines non névralgiques dans le cas où il y a un dépassement du seuil de l'énergie active, une coupure électrique, ou une baisse de pression dans les chaudières ce qui engendre un déclenchement des groupes turboalternateurs. L'ordre de déclenchement est donné en respectant une hiérarchisation qui va du 1er au 7ème niveau.

3.2 Le Système de basculement automatique vers le réseau ONE :

Ce système automatisé de gestion d'énergie électrique assure l'alimentation de certaines machines non névralgiques par une voie normale assurée par la centrale électrique (turboalternateurs) et la ligne secours issue du réseau boucle depuis le transformateur n°2 de 800kVA 22kV/400V.

Le basculement est exécuté quand il y a un dépassement du seuil de la puissance totale produite par les deux turboalternateurs (5.3MW par exemple), ou une baisse de la pression au niveau de la chaufferie, une baisse de la tension ou de la fréquence, une perte d'excitation ou d'autres conditions automatiques ou manuelles.

L'ordre est donné en respectant une hiérarchisation qui va de 1er au 7ème niveau similaire à celui du délestage. Les machines concernées par ce système auront deux alimentations une provenant du TGBT d'origine et l'autre du circuit boucle qui arrive jusqu'au TGBT, ce circuit boucle est limité à 400A soit environ 200kW.

3.3 Liste des machines concernées par le basculement automatique :

TGBT 4:
- Presse à pellet N°1 : 75kW.
- Presse à pellet N°2 : 75kW.
- Presse à pellet N°3 : 75kW.
- Presse à pellet N°4 : 75kW.
- Presse à pellet SSL : 200kW.

TGBT 5:
- Presse à pulpe N°1 : 55kW.
- Presse à pulpe N°2 : 55kW.
- Presse à pulpe N°3 : 55kW.

TGBT6:
- Pompe à vide N°1 : 110kW.
- Pompe à vide N°2 : 110kW.
- Pompe à vide N°3 : 110kW.
- Pompe à vide N°4 : 110kW.

TGBT8:
- Pompe à gaz N°2 : 160kW.

TGBT9:
- Pompe 1 : 75kW.
- Pompe 2 : 22kW.

Conclusion :

Après avoir pris connaissance de la distribution du réseau électrique au sein de l'usine, nous allons passer à l'analyse de sa consommation électrique dans le prochain chapitre par le biais des factures électriques de l'année 2013.

Chapitre 3 : Analyse de la facture électrique

Introduction :

L'évaluation et l'analyse de la consommation énergétique constitue le premier pas vers l'économie d'énergie. L'analyse des différents aspects de la demande énergétique permet d'aboutir aux premiers gains en économie d'énergie à zéro ou à faible coût d'investissement, car les différents enjeux de l'économie sont soit contractuels, ou liés à la bonne gestion de la consommation.

La réalisation de cette économie suppose une familiarisation avec les divers éléments de la facturation et les tarifs appliqués par L'ONE.

L'analyse est portée principalement sur les composantes principales de la facture, à savoir:

- La puissance souscrite avec L'ONE ;
- La puissance maximale appelée ;
- Le $\cos \varphi$;
- La consommation en énergie active.
- Prix unitaire du kilowattheure.

La consommation électrique de l'usine SUNABEL MBK s'élève 62 8321 kWh, ce qui engendre en terme de dirhams : 714 297,72 DH en 2013.

I. Analyse des factures électriques :

La facture électrique est calculée en se basant sur plusieurs éléments :
- La puissance souscrite ;
- Le dépassement de puissance souscrite ;
- Le $\cos \phi$;
- La consommation suivant plusieurs tranches : pointes, normales et creuses.

Dans les paragraphes suivants, on va rapprocher la répartition de l'électricité entre les différentes tranches horaires et la possibilité d'optimiser la facture énergétique annuelle.

1. La puissance souscrite :

C'est une puissance contractuelle auprès de L'ONE pour laquelle SUNABEL s'engage à ne pas dépasser sous peine de pénalités, elle constitue donc une redevance fixe mensuelle. L'usine SUNABEL MBK dispose de deux puissances souscrites avec L'ONE, de 1000 kVA durant la campagne qui s'étale sur une période de 4 mois, et une puissance souscrite de

150 kVa pour le reste de l'année. Ces deux puissances engendrent une redevance fixe annuelle (RP) de 144 976 DH avec un coût unitaire de 334,58 DH/KVA.
Cette redevance représente en moyenne 20.29 % de la facture totale annuelle .Le bon choix de ces puissances permet:
- d'éviter les pénalités de dépassements, quand celle-ci est trop basse par rapport à la demande électrique réelle ;
- d'éviter de payer un coût mensuel inutilement élevé, quand celle-ci est trop forte.

2. La puissance maximale appelée :

La mesure de cette puissance se fait à la base du calcul de la puissance pénalisée, qui est définie comme la plus grande valeur entre la puissance souscrite et la puissance appelée en kVa .Au cas où au cours d'un mois, il serait constaté que la puissance maximale appelée a dépassé la valeur de la puissance souscrite pour ledit mois, une majoration de dépassement de la puissance souscrite de 50% sera comptée sur la différence positive des deux puissances. Le relevé des puissances maximales en 2013 est détaillé dans le tableau suivant :

Mois	Puissance souscrite KVA	Puissance maximale appelée KVA
Janvier	150	180
Février	150	223
Mars	150	178
Avril	150	467
Mai	1000	691
Juin	1000	321
Juillet	1000	813
Août	1000	117
Septembre	150	156
Octobre	150	174
Novembre	150	204
Décembre	150	185

Tableau 1 : Le relevé des puissances maximales en 2013.

Les digrammes ci-contre montrent l'évolution des puissances maximales appelées pendant 2013 :

- **Pour la puissance souscrite de 150 KVA :**

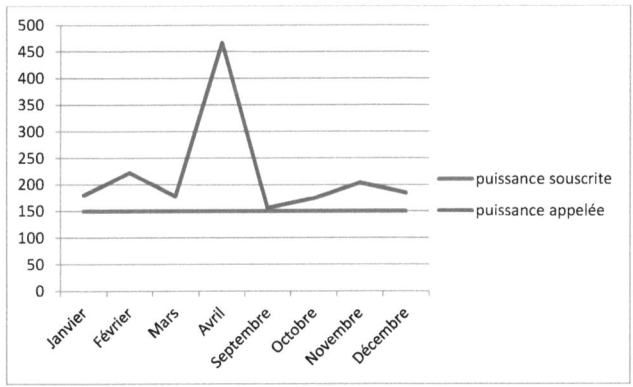

Figure 4 : L'évolution des puissances maximales appelées pendant 2013 pour 150 KVA.

On note d'après le graphe que la puissance appelée maximale durant ces huit mois enregistre des dépassements importants par rapport à la puissance souscrite.

En effet, les systèmes de climatisation, les équipements bureautiques, le système d'éclairage, les travaux effectués durant la période d'inter-campagne, ainsi que les entretiens que subissent les différents procédés participant à la fabrication du sucre font appel à une puissance élevée par rapport à celle qui est souscrite.

- **Pour la puissance souscrite de 1000 KVA :**

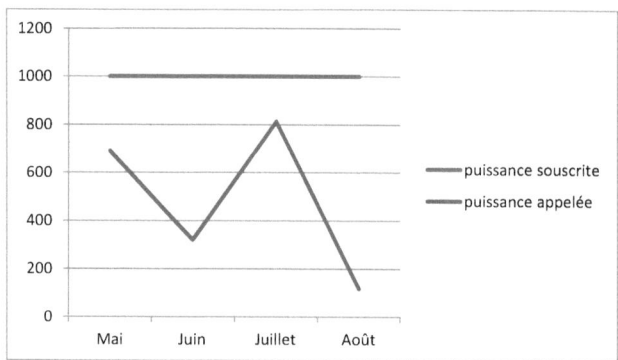

Figure 5 : L'évolution des puissances maximales appelées pendant 2013 pour 1000 KVA.

D'après ce graphe, nous remarquons qu'aucun dépassement n'est enregistré contrairement au reste de l'année .Cela se traduit par l'autoproduction de l'électricité par la centrale thermique de l'usine qui fournit de l'électricité durant les mois de la campagne.

Cette puissance souscrite est élevée par rapport aux autres mois de l'année parce qu'elle est nécessaire lors du démarrage de l'ensemble des installations de l'usine.

Les frais de dépassement des deux puissances souscrites sont évalués à 32 704,24 DH durant l'année 2013 ce qui représente 4.57 % de la facture énergétique annuelle de SUNABEL MBK avec un dépassement total de 782 kVa (voir ANNEXE 1).

II. Optimisation de la puissance souscrite :

Au cours de l'année 2013, les puissances souscrites avec L'ONE étaient de 150 kVa et 1000 kVa, représentant une redevance fixe annuelle de 14 4976 DH, alors que la puissance maximale appelée présente des dépassements énormes qui peuvent arriver jusqu'à 317 KVA.

De notre part, nous avons procédé pour redimensionner les puissances souscrites, en se basant sur les données de la consommation et surtout les dépassements enregistrés dans l'année 2013.

1. Solution à zéro coût d'investissement :

- Pour les mois de Janvier, Février, Mars, Avril, Septembre, Octobre, Novembre, et Décembre.

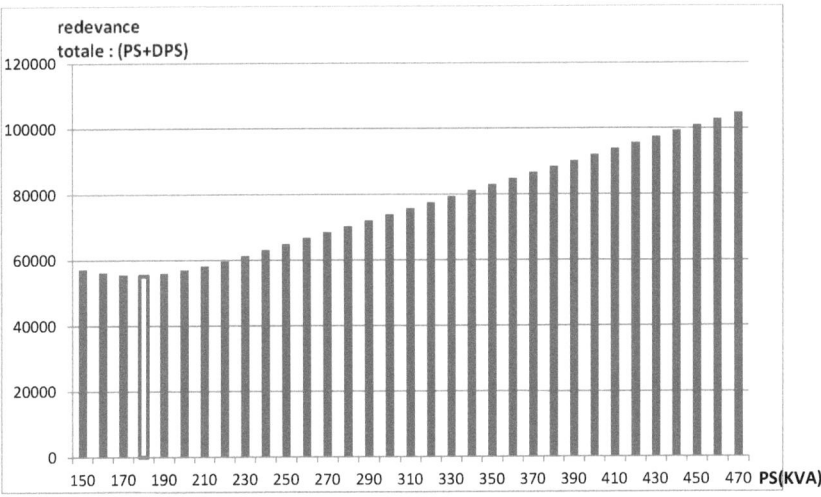

Figure 6 : La puissance souscrite optimale dans huit mois.

L'histogramme confirme que La puissance de 180 kVa présente la puissance souscrite optimale pour les huit mois de chaque année, ce qui engendre un gain de 2007 DH, (Les détails de calcul sont présentés dans ANNEXE 2.

- **Pour les quatre mois de la campagne :**

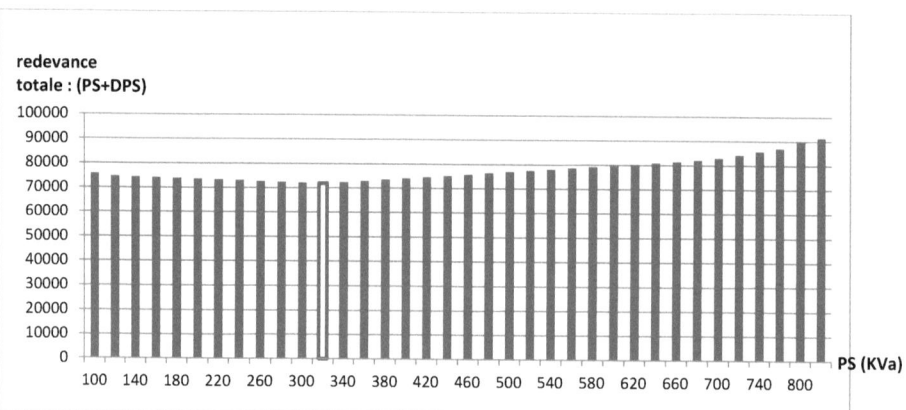

Figure 7 : La puissance souscrite optimale pour les quatre mois.

L'histogramme ci-contre montre que la puissance optimale à souscrire pendant les mois de Mai, Juin, juillet, et Aout, est : 320 KVA, ce qui engendre un gain de 39 659 DH. (ANNEXE 3).

Nous concluons que la souscription de deux puissances par année permet un gain à zéro coût d'investissement de 41 667 DH, ce qui présente 5.83% de la facture énergétique.

Ce gain reste encore très inférieur par rapport à la consommation électrique totale de SUNABEL MBK, c'est pourquoi l'amélioration du facteur de puissance est primordiale pour diminuer la puissance maximale appelée.

2. Solution à faible coût d'investissement, amélioration du cos ф:

Si au cours d'un mois donné, la quantité d'énergie réactive consommée donne lieu à une valeur inférieure à 0,8 du cos(φ) moyen mensuel, comme il est le cas pour le mois de février 2013. Le montant total des redevances dues par le client au titre de sa consommation mensuelle (redevance de la puissance souscrite, redevance de dépassement éventuel et redevance de la consommation) sera majoré de 2% pour chaque centième d'insuffisance du cos(ф) constaté.

$Maj.cos(\Phi) = 2\times (0.8 - cos(\Phi)) \times (RC+RPS+RDPS)$

Avec :

RC : Redevance de Consommation.

RPS : Redevance de la Puissance Souscrite.

RDPS : Redevance de Dépassement de la Puissance Souscrite.

Pour la facture du mois de Février, nous remarquons qu'en plus d'un dépassement de la puissance souscrite, on trouve que le facteur de puissance est égal à 0.78 ce qui est inférieur à 0,8. Si on applique la relation écrite ci-dessus, la pénalité engendrée par ce faible facteur de puissance est de : 1104.46 DH.

Dans la pratique, il vaut mieux avoir un $cos(\phi)$ proche de 1 pour réduire l'énergie réactive consommée et pour réduire aussi la puissance maximale demandée.

Le tableau suivant donne les relevés de la puissance appelée chaque mois en plus de l'indice de max et $cos(\varphi)$:

Mois	P appelée (kVA)	Indice de Max en (kW)	$cos(\phi)$
Janvier	180	154.8	0.86
Février	223	175.72	0.78
Mars	178	156.1	0.87
Avril	467	644.53	0.99
Mai	691	666.81	0.96
Juin	321	319.07	0.99
Juillet	813	683.73	0.84
Août	117	112.43	0.96
Septembre	156	143.52	0.92
Octobre	174	149.64	0.86
Novembre	204	177.88	0.87
Décembre	185	159.65	0.86

Tableau 2 : Les relevés des puissances appelées chaque mois, l'indice de max et $cos(\phi)$.

Le tableau 2, montre que le cos(φ) moyen durant toute l'année est supérieur à 0.8, mais celui enregistré lors du mois de Février est de 0.78 ce qui engendre une majoration durant ce mois. Pour y remédier, nous proposons d'augmenter le facteur de puissance à 0.96 en installant des batteries de compensation. La puissance appelée en kVa est calculée suivant la formule suivante :

$$P\text{ appelée} = \frac{\text{Indice de Max}}{\cos \phi}$$

Moi	Indice de Maximal en (kW)	Puissance appelée en (kVA)	
		Ancien cos (φ)	Nouveau cos (φ) = 0.96
Janvier	154.8	180	161,25
Février	175.72	223	183,045833
Mars	156.1	178	162,610417
Avril	644.53	467	485,971875
Mai	666.81	691	694,598958
Juin	319.07	321	332,36875
Juillet	683.73	813	712,221875
Août	112.43	117	117,121875
Septembre	143.52	156	149,5
Octobre	149.64	174	155,875
Novembre	177.88	204	185,3
Décembre	159.65	185	166,307292

Tableau 3: Les nouvelles puissances appelées si cos(φ) = 0.96.

De la même manière que le paragraphe précédent, on fait les calculs pour déterminer la puissance souscrite optimale pour cos(φ) = 0,96.

- **Puissance optimale pour les huit mois :**

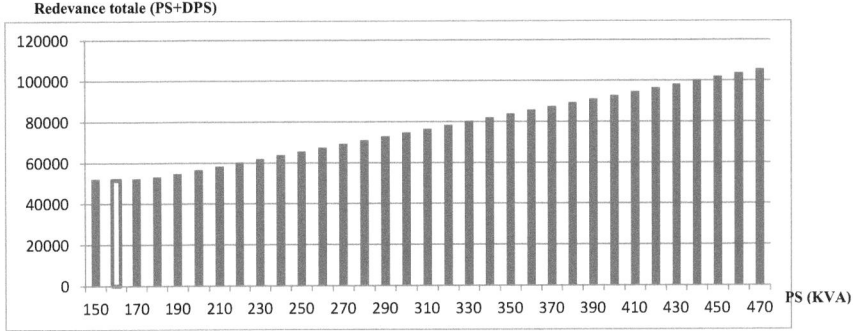

Figure 8: La puissance souscrite optimale avec cos(ϕ) = 0.96 pendant huit mois.

Pendant Janvier, Février, Mars, Avril, Septembre, Octobre, Novembre, et Décembre la puissance souscrite optimale est de 160 KVA avec un gain annuel de 5402.85 DH. (voir ANNEXE 3)

- **Puissance optimale pour les quatre mois :**

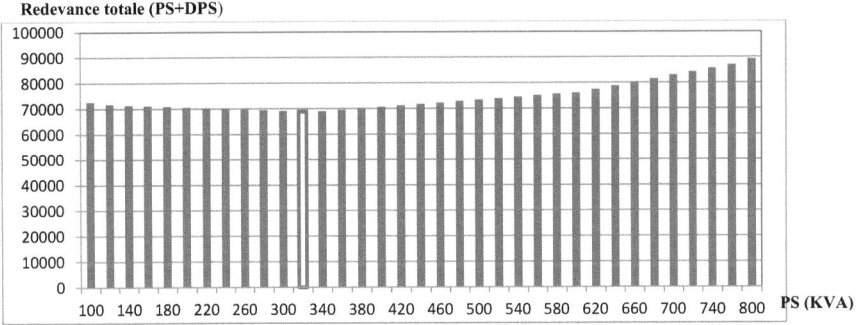

Figure 9: La puissance souscrite optimale avec cos(ϕ) = 0.96 pour quatre mois

Pour les mois de Mai, Juin, Juillet, et Aout la puissance souscrite optimale dans ce cas est : 320 kVa, elle est identique à la puissance souscrite optimale sans la correction du cos(ϕ), toutefois son gain est supérieur par rapport à la puissance souscrite sans l'amélioration du facteur de puissance s'élevant à 42731.39 DH. (ANNEXE 3)

Ainsi, le gain total de l'amélioration du cos(φ) des deux puissances souscrites optimales est de 48134.25 DH, ce qui présente 6.73% de la facture énergétique annuelle.

Le tableau suivant récapitule toutes les solutions :

Solution	Gain annuel	Gain annuel en %
Deux puissances souscrites dans l'année sans corriger le cos(φ)	41667 DH	5.83
Deux puissances souscrites dans l'année avec correction de cos(φ) = 0,96	48134.25DH	6.73

Tableau 4: Récapitulatif des gains.

III. Analyse de la consommation électrique :

Après avoir traité les trois premiers éléments de la facture électrique, nous allons étudier dans cette partie la consommation en énergie électrique, en vue d'une bonne répartition sur les différentes tranches horaires.

La répartition de la consommation annuelle par tranche horaire : heures de pointes (HP), heures pleines (HPL) et heures creuses(HC), permet d'envisager une bonne gestion de la consommation électrique. Le tableau suivant présente cette répartition :

Mois	Cons HP (KWh)	Cons HPL (KWh)	Cons HC (KWh)	Consommation en kWh
Janvier	11126	22998	20940	55064
Février	9939	23779	19123	52841
Mars	12589	28614	24415	65618
Avril	15218	40924	20974	77116
Mai	17216	47500	24670	89386
Juin	884	2042	1453	4379
Juillet	11830	25727	17383	54940
Août	8685	17746	13428	39859
Septembre	9032	20674	13979	43685
Octobre	7930	18634	14052	40616
Novembre	9036	22843	15583	47462
Décembre	10815	27949	18591	57355

Tableau 5 : La répartition de la consommation annuelle par tranche horaire.

La définition de chaque type de consommation est donnée dans le tableau suivant :

Tranches	Du 01/10 au 31/03	Du 01/04 au 30/09	Prix en DH/KWH
Heures de pointe	17h à 22h	18h à 23h	1.07588
Heures pleines	07h à 17h	07h à 18h	0.70623
Heures creuses	22h à 07h	23h à 07h	0.45957

Tableau 6 : Les tranches horaires.

Le graphe suivant illustre clairement la part de chaque consommation pendant les mois de l'année 2013 :

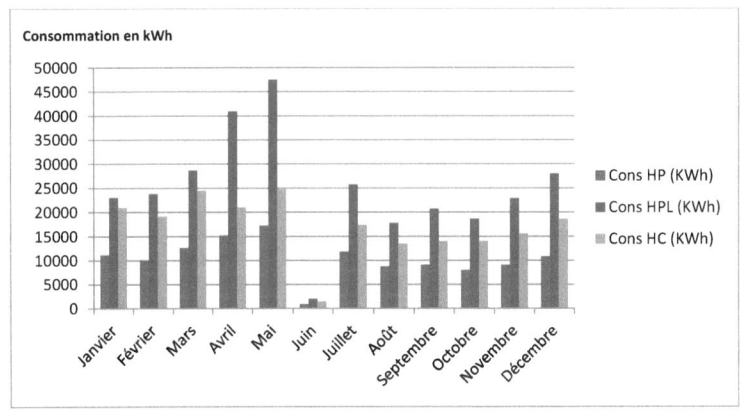

Figure 10: Graphe de consommation par tranche horaire.

Pour une meilleure comparaison entre les périodes de consommation, nous avons élaboré un diagramme en bâton.

L'augmentation de la consommation pendant les trois horaires tranches du Décembre jusqu'à Avril est due des travaux de la maintenance excessive avant la période de la campagne.

Le mois de Mai représente la plus grande consommation, cela se coïncide avec le démarrage de l'usine.

La consommation baisse en moi de Juin. En effet, le réseau électrique d'ONE est nécessaire juste au moment du démarrage, une fois le réseau ONE et le réseau de l'usine se synchronisent, l'usine ne fait plus appel à l'ONE sauf en cas de nécessité (déclenchement des turbines, baisse de pression, dépassement du seuil de la puissance active fournie par les turbines.Le graphe suivant montre la répartition de la consommation électrique par tranche horaire en kWh et en DH :

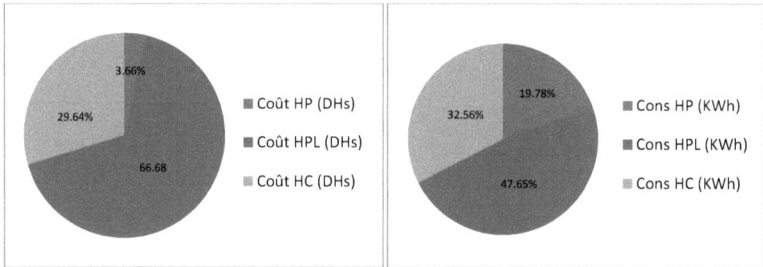

Figure 11: La répartition de la consommation électrique par tranche horaire en KWh et en DH.

Nous remarquons d'après le graphe ci-dessus que les heures pleines sont les plus chargées, ce qui coïncident avec les heures de travail des fonctionnaires de SUNABEL MBK ainsi que le fonctionnement de l'ensemble des équipements de climatisations des postes, éclairage,... suivies des heures creuses avec un taux de 32.56%. Pour les heures de pointes, elles présentent 19.78% de la consommation totale avec un taux de charge de 3.66% sur la facture énergétique dû à un prix unitaire plus cher (1.07588DH/kWh). Cette consommation est dues au prolongement du travail des agents jusqu'à 21h (inter campagne).La consommation pendant ces heures est due au fonctionnement des climatiseurs de postes et les pompes du système d'incendie ainsi qu'à l'éclairage extérieur et du poste de surveillance.

Conclusion :

A partir de l'analyse de la facture d'électricité, nous avons vu nécessaire de redimensionner la puissance souscrite dans le contrat de l'ONE, et de corriger le $\cos(\phi)$ afin d'éviter les majorations $\cos(\phi)$. Une troisième action à faire c'est de ressortir les installations énergivores de l'usine pour trouver les moyens pour gérer efficacement l'énergie afin de réduire leur consommation et améliorer les procédés auxquels appartiennent ces installations.

Chapitre 4: Audit et diagnostic des installations énergivores de la SUNABEL MBK :

Introduction:

Ce chapitre porte sur la description et le diagnostic des différentes installations ciblées afin de ressortir les points de gaspillage et les défauts de réglage existants. Ce diagnostic est focalisé sur :
- Les chaudières ;
- Les turboalternateurs ;
- Le système de pompage ;
- Les compresseurs d'air ;
- Les moteurs électriques :
- Les transformateurs (THD).

Section A : Audit de la centrale thermique de la SUNABEL MBK

Le fonctionnement des différentes stations de l'usine SUNABEL dépend étroitement de la production de la vapeur. Cette forme d'énergie est utilisée pour la production de l'électricité et dans les différentes étapes du processus de fabrication du sucre granulé. Ce vecteur énergétique est le résultat d'une transformation thermodynamique au niveau des chaudières, et est récupéré à la sortie des turbines par un principe de cogénération.

La bonne exploitation de cette forme d'énergie est nécessaire pour couvrir les besoins en vapeur par la centrale électrique, et par les procédés de fabrication du sucre.

Dans cette partie, nous allons identifier, et expliquer le principe de fonctionnement des éléments constituant la centrale thermique de la SUNABEL MBK.

Nous avons ciblé dans cet audit les deux procédés industriels essentiels pour la production de l'électricité à savoir : les chaudières et les turboalternateurs.

I. Le principe de fonctionnement de la centrale thermique au sein de l'usine SUNABEL MBK :

Une centrale thermique est composée essentiellement d'une ou de plusieurs chaudières, et par des turboalternateurs .Ce qui est bien le cas de la Centrale de l'usine SUNABEL MBK.

La chaudière : génère la vapeur.

Les turbo-alternateurs : produisent de l'électricité à partir de la vapeur d'eau produite grâce à la chaleur dégagée des combustibles brulés au niveau des foyers des chaudières.

La production de l'énergie thermique (vapeur), et électrique dans l'usine est basée sur le principe de la cogénération par une turbine à contre pression ; c'est-à-dire qu'à travers un seul processus de production et à partir d'un seul combustible. On produit simultanément de l'énergie thermique (vapeur) et l'énergie mécanique par les turbines qui entrainent les alternateurs pour produire de l'électricité.

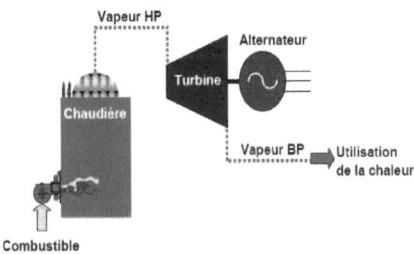

Figure 12: Principe de cogénération

La centrale thermique de la SUNABEL est constituée de 4 chaudières (dont une chaudière reste en réserve) et de deux groupes turbo-alternateurs.

1. Description des chaudières installées à la SUNABEL MBK:

1.1 Définition :

Une chaudière est un générateur de vapeur, dont le rôle est de transmettre à un fluide thermique, les calories dégagées par une combustion. Cet apport de chaleur a pour effet la réchauffe et la vaporisation du fluide.

1.2 Les composants de la chaudière :

→ **La grille** : c'est la table qui se situe dans la partie inférieure de la chaudière, là où se brûle le charbon (combustion) et dégage ainsi les gaz chauds pour vaporiser l'eau, la température à l'intérieur atteint 1400°C.

→ **Le ballon supérieur** : C'est le ballon d'alimentation en eau. Il a pour rôle la séparation du mélange eau-vapeur c'est-à-dire que l'eau reste dans la partie inférieure du ballon, et la vapeur circule dans la partie supérieure.

→ **conduite inférieure** : c'est un circuit fermé entre le ballon supérieur et la conduite inférieure. L'eau qui vient du ballon supérieur s'accumule au niveau de la conduite inférieure et remonte.

→ **Surchauffeur** : Reçoit extérieurement les gaz venant directement de la chambre de combustion. Ce sont les faisceaux tubulaires de la chaudière qui sont soumis aux températures les plus élevées. La vapeur saturée venant de la partie haute du ballon supérieur, passe dans les tubes des surchauffeurs, et par conséquent, sa température s'élève à une pression constante.

→ **Economiseur** : L'économiseur est un échangeur de chaleur à circulation d'eau inversée par rapport à celle des gaz de combustion. Son rôle est de faire augmenter la température de l'eau d'alimentation qui provient du dégazeur à l'aide de la récupération des gaz dégagés du foyer.

1.2. Les étapes de la production de la vapeur d'eau :

La figure 13 illustre les étapes de la production de la vapeur d'eau et le mode d'exploitation de ce vecteur énergétique.

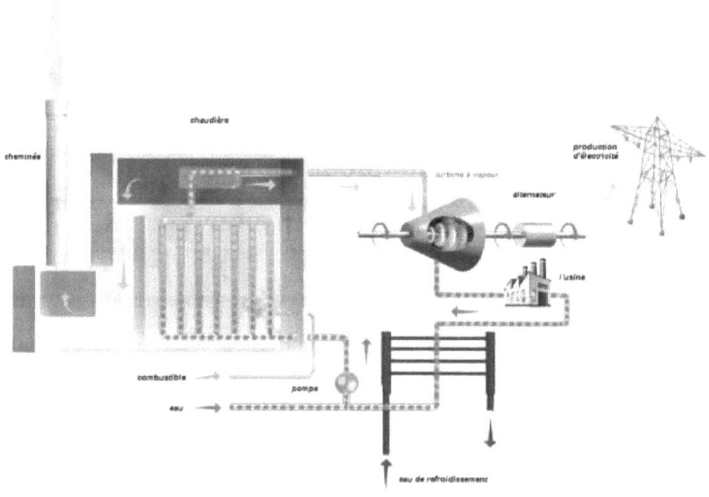

Figure 13 : Principe de la production de la vapeur

Etape 1 : L'eau provenant en partie des condensats de vapeur en retour après utilisation, et l'eau brute traitée dans la station de traitement des eaux afin qu'il se déminéralise, s'échauffe par l'économiseur avant son introduction dans le ballon supérieur par la pompe d'alimentation. L'eau à la sortie de cet appareil est généralement à une température d'environ 160°C qui est inférieure à la température de saturation.

Etape2 : L'eau provenant de l'économiseur est stockée au niveau du ballon supérieur mélangée avec la vapeur, ce qui permet d'augmenter d'avantage sa température. Ensuite, elle passe à travers des tubes appelés tubes écrans qui sont exposés directement aux gaz chauds.

Etape 3 : Si la température de la vapeur n'a pas encore atteint la température de service désirée qui s'élève à 375 °C, ou si la vapeur contient encore des goûtes d'eau, la vapeur passe par un surchauffeur. Le rôle de ce dernier consiste à faire passer la vapeur par des serpentins dans la chambre de combustion, ces derniers seront exposés à la chaleur des gaz chauds. Ainsi on aura de la vapeur surchauffée à haute pression (30 bar) à la sortie.

Etape 5 : La vapeur haute pression générée par la chaudière fait tourner la turbine à vapeur qui entraine à son tour l'alternateur producteur de l'électricité évacuée sur le réseau électrique de l'usine.

Etape 6 : La vapeur basse pression (VE) à la sortie de la turbine est envoyée vers le premier corps d'évaporation, qui à son tour transmet la vapeur de sortie récupérée (VP1) vers le deuxième corps, jusqu'au 5ème corps .Dans le cas d'un besoin en vapeur (Baisse de pression), la vanne de la conduite de détente s'ouvre pour céder la vapeur au premier corps d'évaporation.

N.B : A la sortie du 1er corps d'évaporation, on récupère à la fois de l'eau condensée et de la vapeur. Cette vapeur est récupérée par les autres corps jusqu'à son épuisement (pression basse et température très inférieure à la température d'entrée au premier corps) .

Les chaines A et B abritant l'eau condensée, répondent à la fois aux besoins des chaudières ainsi qu'aux autres stations de fabrication.

2. Description des groupes turbo-alternateurs existant à la SUNABEL MBK :

Il existe deux groupes turbo-alternateur à la SUNABEL MBK .C'est un accouplement de la turbine et de l'alternateur en vue de transformer la puissance mécanique en électricité.

C'est-à-dire que la vapeur produite est admise dans une la turbine à vapeur à contre pression, provoque la rotation des roues de la turbine par sa détente (diminution de la pression) permet la transformation de l'énergie mécanique en une énergie électrique par le biais de l'alternateur.

Les groupes turbo-alternateurs se composent d'une turbine à vapeur à contre pression d'un réducteur mécanique, et d'un alternateur.

2.1 La Turbine :

C'est un Convertisseur de puissance thermique en puissance mécanique. Là où la vapeur est détendue de la pression HP de 30 bars avec une température de 375°C, jusqu'à une pression BP de 3.5 bars (contre pression) et une température de 140°C.

Type	DGSSH f 18
Puissance	3000 KW
Vitesse	9440 tr/min
Pression de la vapeur vive	28 / 32 bar
Température de la vapeur vive	360 / 380 °C
Contre-pression	3.5 bar

Figure 14: Caractéristiques de la turbine

2.2 Le Réducteur :

Sachant que la fréquence du réseau électrique est proportionnelle à la vitesse de rotation de l'alternateur, le réducteur est donc nécessaire pour réduire la vitesse à 1500tr/min qui est proportionnelle à 50HZ.

Type	NH56
Puissance	3300 KW
Vitesse	9440 / 1500 tr/min

Figure 15 : Caractéristiques du réducteur

2.3 L'alternateur :

L'alimentation d'excitation en courant continu des rotors des alternateurs est assurée par deux blocs redresseurs qui sont alimentés par deux transformateurs de courant.

Type	WO284
Puissance	4000 KVA
Cos	0.75
Vitesse	1500 tr/min
Tension	5.5 KV
Fréquence	50 HZ

Figure 16: Plaque signalétique de l'alternateur

II. Diagnostic des chaudières et des turbo-alternateurs :

1. Les chaudières :

L'usine SUNABEL MBK dispose de trois chaudières à charbon à tube d'eau et une chaudière à bagasse. La capacité d'une chaudière à charbon est de : 23 T/h de vapeur. Par contre la chaudière à bagasse a la capacité de produire 50 T/h de vapeur, cette dernière est une chaudière biomasse.

Le charbon gras et l'anthracite sont les deux combustibles utilisés des les trois chaudières existantes à SUNABEL MBK à pouvoir calorifique de 7000kcal/kg, c'est la quantité de la chaleur dégagée par un kilogramme de charbon lors de la combustion.

La consommation en combustible d'une chaudière à charbon est d'environ 55 tonnes de charbon par jour.

Exceptionnellement, L'usine est amenée à solliciter les trois chaudières à charbon et garde la chaudière à bagasse en réserve dans le cas d'une forte demande par la charge électrique. En dépit de sa grande capacité et son impact positif sur le coût énergétique et sur l'environnement, l'utilisation de la chaudière à bagasse et suite à une baisse de pression peut déclencher les turbines, qui exigent une pression de vapeur d'entrée de 30 bars et une température de 375°C.

- **Caractéristiques de la chaudière à charbon :**

Timbre	32 bars
Débit	33 T/h
Température de sortie	375 °C
1 tonne de charbon	8 tonnes de vapeur

Figure 17 : caractéristiques de la chaudière à charbon

- **Caractéristiques de la chaudière à bagasse :**

Timbre	28 bars
Débit	50 T/h
Température	350
1 tonne de bagasse	2 tonnes de vapeur

Figure 18 : caractéristiques de la chaudière à bagasse.

- **Le système de tuyauterie au niveau des chaudières :**

Après avoir acheminé les conduites jusqu'aux premiers consommateurs de la vapeur, nous avons décelé plusieurs défaillances engendrant des pertes thermiques et augmentant inutilement les émissions des gaz CO_2 nuisant à l'environnement.

Le système de tuyauteries au niveau des conduites de transport de l'eau chaude et de la vapeur est partiellement dégradé dans les chaudières à charbon. Nous avons relevé des sections de conduites mal calorifugées et d'autres non isolées .Ce qui donne naissance à des déperditions thermiques indésirables.

Nous avons identifié trois types de pertes d'énergie sur le réseau de tuyauterie reliant la chaudière avec la centrale et la station d'évaporation :

- pertes de chaleur.
- Pertes de fluide (vapeur).
- Pertes de charge (vannes, purgeurs ...).

Ces fuites peuvent s'avérer extrêmement coûteuses à cause de la valeur des pertes du combustible qui alimente nos générateurs de vapeur « chaudière à charbon ». Ce qui se répercute sur la production de l'électricité par la centrale thermique.

2. Les groupes turbo-alternateurs :

La centrale thermique est la source principale de la production de l'électricité. En effet, durant la campagne, la centrale est appelée à répondre aux besoins des équipements électriques existants, or l'extension de l'usine qui a eu lieu cette année (2014) a fait que la puissance appelée ait augmentée de 500 kW, c'est-à-dire que l'usine fait appel à 5.4 MW, elle arrive même à 5.6 MW qui engendre un dépassement du seuil de l'énergie active fournie par le groupe turbo-alternateur n'atteignant pas 3000kW ce qui est du à :

- → L'ancienneté du matériel.
- → l'affaiblissement du rendement du groupe.
- → La surcharge électrique.

La charge électrique augmente et diminue suivant les phases de production du sucre, comme le cas des centrifugeuses .Quand les quatre turbines fonctionnement simultanément et au moment de l'accélération, le courant appelée devient très important et par conséquent, il y a de fortes chances de provoquer un basculement vers le réseau ONE, voire même un délestage.

Section B : Audit et diagnostic du système de pompage

Le recensement des machines électriques installées à la SUNABEL, et la campagne de mesure effectuées au niveau des moteurs montrent que les pompes sont très énergivores. Etant conscients de l'importance de la bonne exploitation des systèmes de pompages, nous avons essayé d'identifier les possibilités de gestion de l'énergie afin d'améliorer d'une part le processus de fabrication et de réduire d'une autre part la consommation de l'énergie électrique.

I. Description du système de pompages installés à SUNABEL MBK :

1. Les catégories de pompes installées à la SUNABEL MBK

Il existe deux catégories de pompes à l'usine : Centrifuges et volumétriques.

Pompe centrifuges : Elles sont caractérisées par le mouvement rotatif d'une turbine à grande vitesse qui centrifuge le liquide, le corps de la pompe canalise le fluide côté aspiration vers le centre de la roue autour de la turbine vers la bride de refoulement.
Ce type est le plus répondu à l'usine SUNABEL MBK car :

→ Sa construction est Robuste.

→ Son comportement en service est bon.

→ Il a une possibilité de régulation.

Pompes volumétriques : Ce type de pompe est utilisé en premier lieu pour les applications à faible débit et grande hauteur manométrique. Leur principe de fonctionnement est basé sur la modification cyclique des volumes des chambres de travail délimitées par rapport aux tuyauteries d'aspiration et de refoulement par des éléments de séparation. Le pompage du liquide est réalisé par variation ou déplacement de volume .Ce type de pompe convient particulièrement aux petits débits grandes hauteurs /pressions, liquides visqueux.

Dans cet audit, nous avons ciblé les pompes centrifuges car elles sont les plus répandues dans l'usine et les plus flexibles au niveau régulation.

2. Caractéristiques essentielles d'une pompe :

Une pompe est principalement caractérisée par :

Un débit : **Q**

Une hauteur manométrique totale : **HMT**

Une vitesse de rotation : **Va**

Une puissance absorbée : **Pa**

Capacité d'aspiration : **Ha**

Avec :

Le Débit : est la quantité de liquide véhiculée par la pompe dans un temps déterminé .Le débit s'exprime en m3/h ou en l/s.

La hauteur manométrique totale : est la hauteur que la pompe peut engendrer pour un débit donné. La HMT s'exprime en mètre de colonne liquide et est indépendante de la densité. Elle est définie par la somme de la hauteur statique requise par le système, de la chute de pression de l'équipement et des pertes par frottement et aux étrangleurs (la chute de pression causée par le réglage des débits).

La vitesse de rotation : les moteurs électrique 1500tr/min et 3000tr/min sont principalement utilisés .Mais les entrainements poulies/courroies, variations de vitesse diverses et turbines à vapeur peuvent générer des vitesses de rotation différentes .La vitesse de rotation s'exprime en tour/minute.

La puissance absorbée : est la puissance d'entrainement nécessaire pour que la pompe donne les caractéristiques demandées. La Pa est fonction du débit, de la hauteur manométrique totale, de la densité et du rendement. Elle s'exprime en kW.

La puissance absorbée s'obtient de la relation suivante :

$$Pa = \frac{Q.\rho.g.h}{\eta.3,6.10^6}$$

Q= le débit en m3/h.

η= le rendement de la pompe.

ρ= la densité volumique du fluide en kg/m^3.

h= la hauteur manométrique total EN M.

g= 9.81 kg/N.

Toutes ces caractéristiques sont déduites à partir des courbes caractéristiques de pompes (ANNEXE 4).

3. Courbes caractéristiques de pompe :

La performance des pompes à vitesse constante peut être illustrée directement sur une courbe caractéristique pour un diamètre d'impulseur donné.

Les courbes caractéristiques indiquent la hauteur manométrique totale fournie par la pompe, sa puissance, son efficacité et son NPSHreq (net positive section Head : hauteur nette absolue à l'aspiration) à partir du débit nul jusqu'à la capacité maximale.

Une courbe caractéristique de pompes donne toutes les performances d'une pompe.

Les courbes ci-dessous représentent les courbes caractéristiques de la pompe du jus trouble 1 situé à la station d'épuration de l'unité de production SUNABEL MBK.

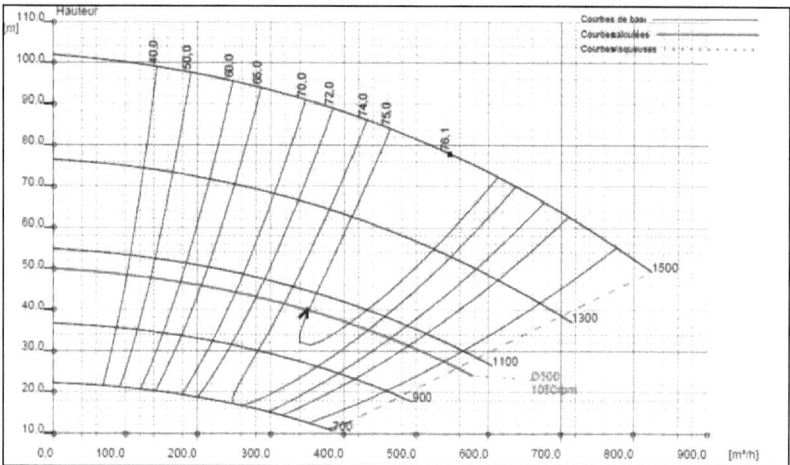

Figure 19 : Courbe de la pompe

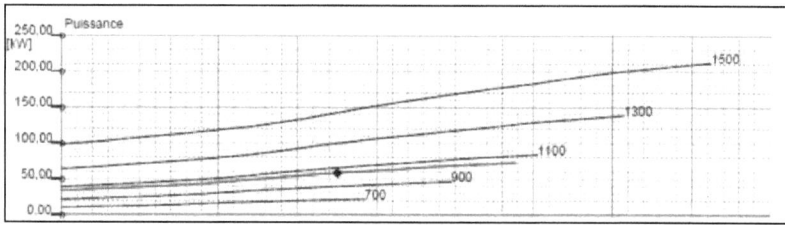

Figure20 : courbe de puissance absorbée

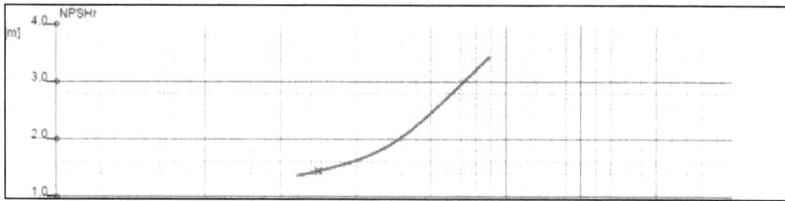

Figure 21: courbe de NPSH

II. Diagnostic des pompes installées à la station d'épuration :

Nous avons ciblé les pompes qui feront objet de notre étude, il s'agit des 5 pompes centrifuges installées à la station d'épuration à savoir :

- → Jus trouble 1
- → Jus trouble 2
- → Jus clair 1
- → Jus clair 2
- → Jus chaulé

L'ensemble de ces pompes fonctionnent à une vitesse constante. La régulation de leur débit est effectuée par des vannes de régulation automatiques.

L'étranglement de cette vanne de régulation ainsi que les tuyaux et conduites dans lesquels circulent les différents fluides (jus) engendrent des pertes de charge. La pompe délivre alors une hauteur manométrique totale plus élevée que celle requise au fonctionnement du procédé.

Afin de voir l'impact d'une vanne de régulation sur les pompes, nous avons calculé les puissances absorbées à l'arbre de chacune de ces pompes dans deux points de fonctionnement différents.

1. Caractéristiques de pompes auditées :

Les pompes sont dimensionnées pour fournir le débit nominal, mais tout au long de la campagne, un débit inférieur suffit.

D'après les registres de la station d'épuration les débit entrant à la station varie en fonction du de la qualité des cossettes et de la quantité de l'extraction du jus brut (ou le jus vert).

Nous avons noté pour les deux premiers mois que le jus vert entre au pré-chauleur avec un débit variant de 240 à 270 m^3/h. Ensuite l'ajout du lait de chaux, fait augmenter le débit fourni à la pompe du jus trouble 1 d'environ 20 m^3/h.

Par contre, lors du dernier mois de la campagne, la quantité de la betterave diminue, ce qui se répercute sur le débit du soutirage qui diminue à son tour.

Généralement, le traitement de 210 tonnes de betteraves par heure, engendre un débit du jus vert (JUS BRUT) de 240 m^3/h, tandis que l'extraction de 230 tonnes de betteraves par heure donne 265 m^3/h du jus vert.

Les deux tableaux ci-dessous représentent les caractéristiques nominales des pompes étudiées, Ainsi que les débits moyens de fonctionnement.

Désignation	Vitesse (tr/min)	Débit nominal (m^3/h)	HMT nominale (m)	Rendement	Puissance absorbée (kW)	Densité (m3/kg)
Jus chaulé	1153	350	50	74.25	73.83	1150
Jus trouble 1	1050	350	40	74.96	58.40	1150
Jus clair 1	1246	350	60	73.28	81.82	1050
Jus trouble 2	1050	350	40	74.96	58.86	1100
Jus clair 2	1246	350	60	73.28	83.38	1070

Tableau 7 : Caractéristiques nominales des pompes

Désignation	Débit moyen minimal (m3/h)	Débit moyen maximal (m3/h)	Débit nominal (m3/h)
Jus chaulé	165	285	350
Jus trouble 1	165	285	350
Jus clair 1	116	210	350
Jus trouble 2	155	275	350
Jus clair 2	145	265	350

Tableau 8 : débit moyen de fonctionnement des pompes

2. Calcul de la consommation électrique des pompes à vitesse fixe :

Nous avons choisi d'étrangler la vanne de régulation selon deux débits, ensuite nous avons calculé la puissance absorbée par ces pompes et déduit à partir des courbes caractéristiques de pompes les hauteurs manométriques totales délivrées (augmentation des pertes de charges).

Le tableau ci-contre illustre le calcul réalisé ainsi que les résultats obtenus.

Désignation de la pompe	Débit (m³/h)	HMT (m)	η (kg/m³)	ρ (kg/m³)	n (rpm)	Pa théorique (kW)	Puissance nominale du Moteur (kW)
Jus trouble 1	350	40	0,7496	1150	1050	58,53	75
	285	42	0,72	1150	1050	52,1	
	165	47	0,58	1150	1050	41,9	
Jus trouble 2	350	40	0,7496	1100	1050	55,98	75
	275	43	0,72	1100	1050	49,23	
	155	47	0,55	1100	1050	39,70	
Jus clair 1	350	60	0,7328	1150	1246	89,80	110
	210	66	0,6	1150	1246	72,39	
	116	68	0,4	1150	1246	61,8	
Jus clair 2	350	60	0,7328	1070	1246	83,56	110
	265	64	0,68	1070	1246	72,72	
	145	68	0,4	1070	1246	71,87	
Jus chaulé	350	50	0,7425	1150	1153	73,86	110
	285	43	0,72	1150	1153	53,34	
	165	47	0,58	1150	1153	41,90	

Tableau 9 : Calcul de la puissance absorbée par les pompes à vitesse fixe et à débit variable

Avec :

Q = le débit du fluide [**m³/h**] (voir courbe caractéristique)
HMT = Hauteur Manométrique Totale en [**m**] (voir courbe caractéristique)
η = le rendement ou l'efficacité de la pompe [**kg/dm³**] (voir courbe caractéristique)
n = vitesse de rotation de la pompe [**rpm**] (voir courbe caractéristique)
P $_{absorbée}$ = Puissance absorbée à l'arbre de la pompe [**kW**].

- **Interprétation des résultats :**

L'utilisation d'une vanne de régulation automatique permet de varier le débit selon le besoin du procédé mais son étranglement engendre des pertes de charge supplémentaires qui seront perdues au niveau de la vanne et des tuyaux de transport du fluide. Ceci se manifeste par la Hauteur Manométrique Totale délivrée par la pompe, qui augmente au fur et à mesure que la vanne se ferme (s'étrangle).

Si nous prenons l'exemple de la pompe du jus trouble 1, nous aurons les résultats suivants :

Désignation de la pompe	Débit (m^3/h)	HMT (m)	η (kg/m^3)	ρ (kg/dm^3)	n (rpm)	$P_{absorbée}$ (KW)	Etranglement vanne en %
Jus trouble 1	285	42	0,72	1150	1050	52,1	40
	165	47	0,58	1150	1050	41,9	23

Tableau 10 : Puissance absorbée par la pompe du jus trouble 1

- ✓ Une diminution de la puissance absorbée de 10.198kW.
- ✓ Une augmentation de la hauteur manométrique totale due aux pertes de charge de 5 m de colonne.

En observant les courbes caractéristiques de la pompe du jus trouble 1, nous remarquons que lorsque nous diminuons le débit en étranglant la vanne, le point de fonctionnement se déplace sur la courbe de la pompe à vitesse de rotation fixe, ce qui augmente les pertes de charge et réduit de façon légère la puissance absorbée de la pompe.

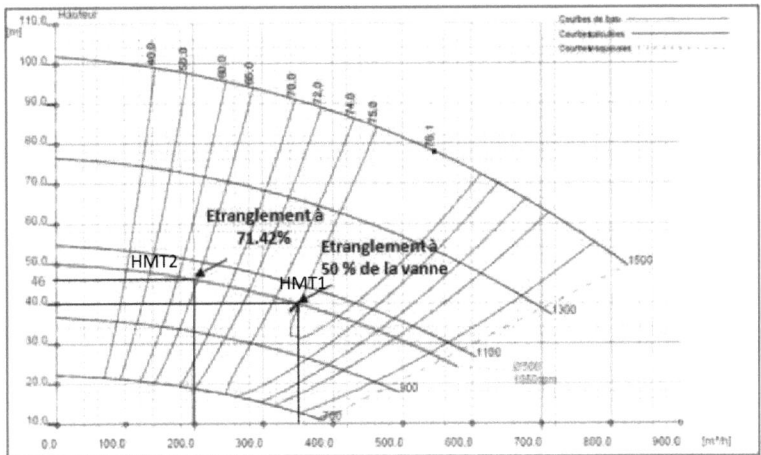

Figure 22: Courbe caractéristique de la pompe du jus trouble régulée par vanne automatique.

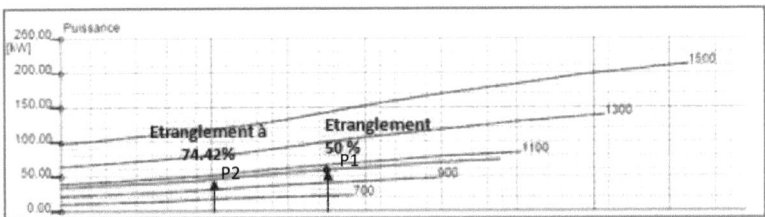

Figure 23: Courbe de puissance de jus trouble.

Conclusion :

D'après les calculs effectués, nous concluons que la régulation du débit par vanne automatique est très importante. Certes, elle permet de réduire légèrement la puissance absorbée à l'arbre de la pompe, mais elle augmente les pertes de charges en délivrant une hauteur manométrique totale inutile pour le procédé.

Nous allons proposer un plan d'action dans le prochain chapitre afin répondre à ces deux exigences :

- ✓ **Optimisation de la puissance électrique absorbée.**
- ✓ **Elimination des pertes de charge.**

SECTION C : Audit et diagnostic de la consommation électrique des compresseurs

L'air comprimé, très largement utilisé dans l'industrie, nécessite une forte consommation d'énergie. C'est pourquoi les économies réalisées sur les centrales d'air comprimé ont un impact non négligeable sur les coûts d'exploitation et sur l'environnement.

C'est en effet la raison pour laquelle nous avons essayé d'identifier les gisements potentiels d'économie d'énergie dans le système de compression, et particulièrement dans les compresseurs d'air de la PKF.

I. Généralités sur les compresseurs d'air comprimé:

1. Qu'est ce que c'est qu'un compresseur d'air comprimé :

Les compresseurs sont des appareils mécaniques qui aspirent l'air et le refoulent à une pression supérieure à la pression atmosphérique, dans un réseau de tuyauterie ou dans un réservoir. Ils peuvent être utilisés pour comprimer l'air d'une pièce et le refouler dans un système de distribution haute pression ou pour aspirer l'air d'un réservoir et le refouler dans l'atmosphère, créant un vide dans le réservoir.

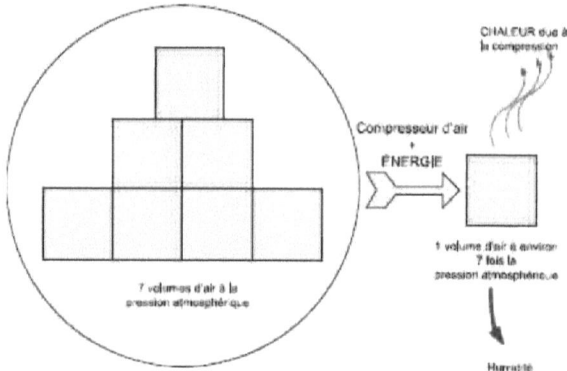

Figure 24 : Conversion de l'air atmosphérique en air comprimé

2. Les différents Types de compresseurs :

Il existe en gros deux types fondamentaux de compresseurs : Les compresseurs volumétriques et les turbocompresseurs ou ce que l'on appelle compresseurs dynamiques.

Compresseurs volumétriques : Dans ce type, une quantité donnée d'air est aspirée dans une chambre de compression puis le volume que l'air occupe est diminué, ce qui entraîne une augmentation correspondante de sa pression avant qu'il soit refoulé. Les compresseurs d'air rotatifs à vis, les compresseurs à palettes et les compresseurs à pistons sont les trois types les plus répandus de compresseurs volumétriques utilisés dans les petites et moyennes industries.

- **Compresseur à piston (ou compresseur alternatif) :**
  Dans un compresseur à pistons, chaque piston présente un mouvement alternatif dans un cylindre. Lors de l'aller, le piston aspire le fluide à une certaine pression puis le comprime au retour.

- **Compresseur à vis (ou compresseur rotatif) :**
  Semblable au compresseur à pistons, ce type de compresseur utilise le même type de mouvement. Il comporte deux vis de compression hélicoïdales qui remplacent les pistons. Quand les vis sont en rotation l'une contre l'autre, l'air est comprimé et conduit vers le caisson de stockage. Le compresseur à vis fonctionne avec des vis en guise de piston : lorsque les vis se resserrent, la compression s'effectue. La vis est la pièce maîtresse, elle se compose de deux éléments qui tournent l'un vers l'autre ;
    → un rotor mâle,
    → un rotor femelle.
  Avec cette rotation, l'espace entre eux diminue et la compression s'effectue.
  Selon la longueur, le profil de la vis et la forme de l'orifice de refoulement, la pression est plus ou moins forte.
  Il est possible de varier la pression entre 10 et 100 % de la puissance nominale.

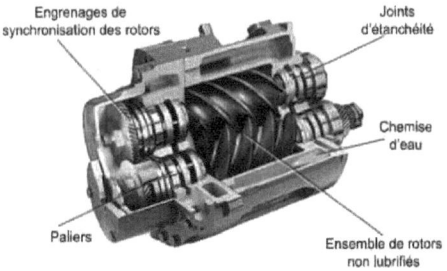

Figure 25: Coupure d'un compresseur rotatif à vis type d'Atlas Copco

Les turbocompresseurs (ou les compresseurs dynamiques): sont la deuxième classes des compresseurs, ils comprennent des machines centrifuges et des machines axiales, ils sont courants dans les très grosses installations de fabrication. Un compresseur centrifuge permet de fournir une grande quantité d'air comprimé. Grâce aux turbines à grande vitesse, la vélocité de l'aspiration est accrue. L'air est ensuite mis sous pression par le diffuseur. Le compresseur centrifuge requiert davantage d'énergie pour son fonctionnement que les deux autres types.

II. Description des compresseurs installés au poste de filtration PKF :

Notre audit énergétique concernant les systèmes d'air comprimé s'est focalisé sur les deux compresseurs installés à la PKF et particulièrement sur la partie électrique des compresseurs. Dans le prochain paragraphe, nous allons décrire et diagnostiquer cette installation.

1. Description des deux compresseurs installés à la PKF :

Les deux compresseurs sont de type GA 45+ .Ce sont des compresseurs mono-étagés de type à vis à injection d'huile, entraînés par un moteur électrique de 45 kW à démarrage étoile triangle. Ces compresseurs sont refroidis par l'air et enfermés dans un capotage insonorisant.

Ils sont dotés d'un module de contrôle Elektronikon qui est monté sur le panneau de droite, et d'une armoire électrique abritant le démarreur du moteur. Quant aux condensats, ils sont purgés automatiquement.

L'équipement auxiliaire principal de ces compresseurs est le sécheur d'air. Il a pour rôle la suppression de l'eau de l'air comprimé en le refroidissant près du point de congélation.

Deux réservoirs d'air sont au service afin de maintenir l'air refoulé par le compresseur à la pression demandée par le service.

La figure 26 représente une vue d'arrière des compresseurs audités.

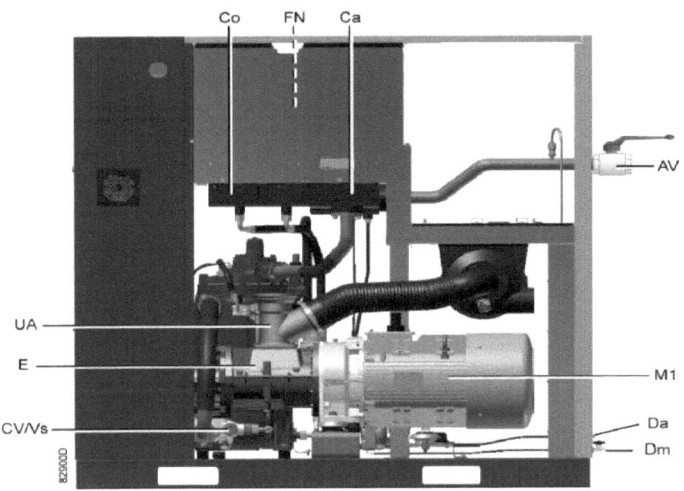

Figure 26 : vue d'arrière du compresseur G45

Référence	Désignation
AV	Vanne de sortie d'air
Ca	Refroidisseur d'air
Co	Refroidisseur d'huile
CV/Vs	Clapet anti-retour/clapet d'arrêt d'huile
E	Elément compresseur
FN	Ventilateur
M1	Moteur d'entraînement
UA	Déchargeur
Da(Dm)	Sorties des condensats

Tableau 11 : Désignation des différents élements du compresseurs

Le synoptique ci-dessous decrit le circuit d'air dans le compresseur ,de la vanne d'aspiration Jusqu'à la vanne d'échapement.

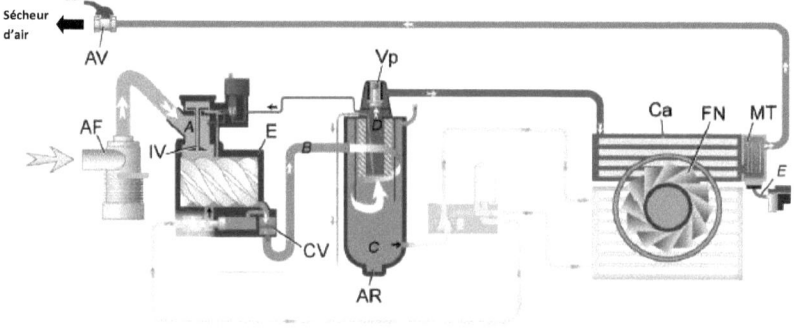

Figure 27 : Circuit d'air dans le compresseur G45.

Avec :

A : Air d'admission
B : Mélange air /huile
C : Huile
D : Air comprimé humide
E : Condensats
F : Air comprimé sec

L'air aspiré via le filtre (AF) et la vanne d'entrée (IV) du déchargeur est comprimé dans l'élément compresseur (E). Un mélange d'air comprimé et d'huile s'écoule dans le réservoir d'air/séparateur d'huile (AR) via le clapet anti-retour (CV). L'air est refoulé à travers la vanne de sortie (AV) via la soupape à minimum de pression (Vp) et le refroidisseur d'air (Ca).Ensuite l'air passe à travers le sécheur d'air (DR) qui élimine l'eau dans l'air comprimé avant qu'il soit acheminé vers les réservoirs d'air.

2. Système de réglage des compresseurs installés à la station PFK :

Les deux compresseurs sont dimensionnés pour répondre à la demande maximale de l'installation (les filtres et l'instrumentation existante), mais ils fonctionnement normalement à des charges partielles. C'est pourquoi une méthode de régulation garantissant la mise en marche des compresseurs avec une efficacité maximale s'avère indispensable.

Le type de régulation choisi pour ces compresseurs est la régulation par plages de pression en cascade .C'est une méthode simple pour coordonner les deux compresseurs, elle met à vide en ou charge les compresseurs pour différentes valeurs de la pression du système à mesure que la charge diminue ou augmente.

Cette régulation se fait par un contrôleur électronique. Ce régulateur maintient la pression du réseau entre les limites programmables (entre 8et 9.5 bar) en chargeant et déchargeant automatiquement le compresseur. Un certain nombre de réglages programmables, par exemple les pressions de décharge et de charge, le temps d'arrêt minimum et le nombre maximum des démarrages du moteur, sont pris en compte.

Le régulateur arrête le compresseur à tout moment opportun pour réduire la consommation d'énergie et le redémarre automatiquement quand la pression du réseau d'air diminue. Si la période de décharge prévue est trop courte, le compresseur est maintenu en marche afin d'éviter de trop courtes périodes d'arrêt.

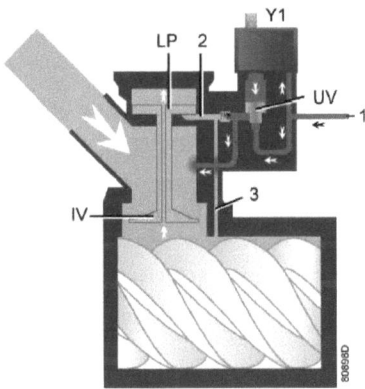

Figure 28 : Système de régulation en charge

- **Charge :** Lorsque la pression du réseau est inférieure à la pression de charge, l'électrovalve (Y1) est activée.
- **Décharge :** Si la consommation d'air est inférieure au débit d'air du compresseur, la pression de réseau augmente. Si la pression de réseau atteint la pression de décharge, l'électrovalve (Y1) est désactivée.

III. Diagnostic des compresseurs d'air installés à la PKF :

Les compresseurs d'air sont adaptés en fonction de l'équipement qui nécessite la pression de service maximale.

Dans la station PKF, les filtres, les canal du jus boueux ainsi que le reste de l'instrumentation existante sont conçus pour fonctionner à une pression de service au-delà de 6 bar. Toutefois les deux compresseurs produisent généralement une pression légèrement supérieure qui s'étale entre 8 et 9.5 bar pour compenser les chutes de pression survenues dans les sécheurs d'air comprimé, les filtres et les conduites.

La consommation en air comprimé est discontinue, à la fin de chaque cycle de filtration du jus boueux issu du vidange de la première filtration, il ya un appel d'air comprimé qui sert au nettoyage des filtres ainsi qu'au nettoyage des conduites et des équipements connexes.

- *Le nombre de cycle par jour est de : 48, chaque cycle dure 20 min*
- *Capacité du réservoir d'air = 5000L*

Les compresseurs sont entrainés directement par des moteurs asynchrones de 45 kW, dotés d'un démarrage étoile-triangle afin de diminuer les risques du démarrage direct, l'intensité du courant au démarrage (direct) est très importante vis à vis du courant nominal du moteur (environ 5 à 7 fois l'intensité nominale). Le moteur est alimenté sous tension réduite en couplage étoile puis sous pleine tension en couplage triangle.

Ce type de démarrage permet de réduire légèrement la consommation électrique mais il existe d'autres dispositifs de réglage plus efficaces.

IV. Estimation de la consommation actuelle des compresseurs :
1. Calcul des heures totales de fonctionnement :

Pour connaitre les heures de fonctionnement totale, les heures de fonctionnement en charge et en décharge du compresseur, nous avons fait un suivi du travail des deux compresseurs installés à la station PKF pendant une semaine .Ensuite nous avons déduit les heures totales de fonctionnement pendant les 3 mois de la campagne.

- Compresseur 1(côté mur) :

Heures totales de fonctionnement	Heures de fonctionnement en charge	Heures de fonctionnement en décharge /à vide
1710	900	810

Tableau 12 : heures de fonctionnement du compresseur 1

- Compresseur 2 (côté Bruckner) :

Heures totales de fonctionnement	Heures de fonctionnement en charge	Heures de fonctionnement en décharge /à vide
1980	1710	900

Tableau 13 : heures de fonctionnement du compresseur 2

2. Calcul de la consommation électrique des compresseurs d'air de la PKF :

2.1 Consommation du compresseur d'air 1 (côté mur) :

CONSOMMATION ELECTRIQUE DU COMPRESSEUR EN CHARGE	
Tension nominale	400
Intensité nominale	88
Tension mesurée	368
Intensité mesurée	51.2
Constante de phase Y	$\sqrt{3}$
Puissance nominale de l'arbre (plaque signalétique)	45
Facteur de puissance nominale à pleine charge	0,80
Facteur de puissance mesuré	0.98
Coût unitaire de l'électricité (DH)	1
Durée de fonctionnement en charge	900
Puissance d'entrée électrique : P_{Charge} (kW)	31,98191633
Consommation électrique (kWh)	**28 783,72**

CONSOMMATION ELECTRIQUE DU COMPRESSEUR EN DECHARGE	
Tension nominale	400
Intensité nominale	88
Tension mesurée	371
Intensité mesurée	20
Constante de phase Y	$\sqrt{3}$
Puissance nominale de l'arbre (plaque signalétique)	45
Facteur de puissance nominale à pleine charge	0,80
Facteur de puissance mesuré	0.84
Coût unitaire de l'électricité (DH)	1
Durée de fonctionnement sans charge	810
Puissance d'entrée électrique : $P_{Décharge}$ (kW)	10,79552627
Consommation électrique (kWh)	**8 744,38**

Consommation électrique totale annuelle (kWh)	37 528,10
Coût de la consommation en DH	37 528,10

Tableau 14 : Consommation du compresseur 1

2.2 Consommation du compresseur d'air 2 (côté décanteur Bruckner) :

CONSOMMATION ELECTRIQUE DU COMPRESSEUR EN CHARGE	
Tension nominale	400
Intensité nominale	88
Tension mesurée	368
Intensité mesurée	51.2
Constante de phase Y	1.7321
Puissance nominale de l'arbre (plaque signalétique)	45
Facteur de puissance nominale à pleine charge	0.80
Facteur de puissance mesuré	0.98
Coût unitaire de l'électricité (DH)	1
Durée de fonctionnement en charge	1170
Puissance d'entrée électrique : P_{Charge} (kW)	31,98191633
Consommation électrique (kWh)	**37 418,84**
CONSOMMATION ELECTRIQUE DU COMPRESSEUR EN DECHARGE	
Tension nominale	400
Intensité nominale	88
Tension mesurée	371
Intensité mesurée	20
Constante de phase Y	1,7321
Puissance nominale de l'arbre (plaque signalétique)	45
Facteur de puissance nominale à pleine charge	0,8
Facteur de puissance mesuré	0,84
Coût unitaire de l'électricité (DH)	1
Durée de fonctionnement sans charge	900
Puissance d'entrée électrique : $P_{Décharge}$ (kW)	10,79552627
Consommation électrique (kWh)	**9 715,97**
Consommation électrique totale (kWh)	**47 134,82**
Coût de la consommation en DH	**47 134,82**

Tableau 15 : Consommation du compresseur 2

Interprétation :

La consommation totale annuelle des deux compresseurs de la PKF s'élèvent à 84 662,92 kWh, elle représente 1,15 % de la consommation électrique totale moyenne de l'usine .Si nous ajoutions la consommation des autres compresseurs, nous obtiendrons un ratio plus important.

A partir de ce calcul, nous affirmons que l'air comprimé est un vecteur énergétique très coûteux, donc une optimisation au niveau des équipements qui le produisent s'avère nécessaire.

Section D : Audit et diagnostic de l'ensemble des moteurs électriques

La consommation d'un moteur électrique traditionnel engendre des coûts qui excèdent environ d'un facteur 100 le prix d'achat du moteur. C'est pour cela qu'ils méritent une attention bien particulière. Ainsi une évaluation énergétique et économique de ces derniers s'avère nécessaire.

Un inventaire des moteurs installés à l'usine est un premier pas vers la prise de décision concernant les moteurs installés à l'usine. (ANNEXE 5)

I. Campagne de mesure sur les moteurs installés :

La consommation électrique des équipements entrainés par les moteurs électriques est reliée à de nombreux facteurs comme :
- Le rendement de l'usage final du moteur.
- Un bon dimensionnement.
- La qualité de l'alimentation électrique.
- L'ancienneté du moteur.

Les mesures des grandeurs physiques telles que : La puissance absorbées, le courant appelé, le facteur de puissance et le taux de charge nous permettent de conclure sur l'état du moteur et sur sa consommation. Pour les moteurs asynchrones, il est évident que le taux de charge a une influence sur la variation du facteur de puissance et le rendement du moteur.

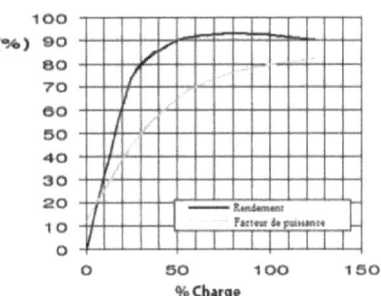

Figure 29 : Allure de l'évolution du rendement et du facteur de puissance en fonction du facteur de charge pour un MAS

D'après la figure 29, pour avoir un moteur asynchrone bien dimensionné et atteindre un bon rendement, le facteur de charge doit compris entre 55% et 100%.

ANALYSE ET RESULTATS :

Pour la station de la cristallisation, il existe plusieurs moteurs qui ne fonctionnent pas correctement ceci se traduit par le faible taux de charge, le faible facteur de puissance et l'appel d'un fort courant, on cite quelques moteurs dans le tableau suivant :

Désignation	Puissance installée (kW)	cosφ	Puissance mesurée (kW)	cos mesuré	Courant mesuré (A)	tension mesurée (V)	taux de charge %
Pompe malaxeur PDC 1er jet vers CC	11	0,86	4,23	0,53	11,9	387	38,4
Ragot 1er jet	7,5	0,87	2	0.56	5,3	387	26
Ragot 2éme jet	5,5	0,86	1,65	0,45	4,5	387	30
Ragot 3éme jet	7,5	0,86	1,55	0,46	4,2	387	20,6
Pompe à mélasse 3	18,5	0,86	3,71	0,53	7,47	387	20
Vis sucre 2eme jet	7,5	0,86	2	0,55	5,7	387	26,6
Vis à sucre humide N1	7,5	0,85	2,72	0,6	6,94	387	36,2
Malaxeur vertical 3eme jet N°1 (agitateur)	11	0,86	1,65	0,66	3,1	387	15
malaxeur vertical 3eme jet N°2 (agitateur)	11	0,86	0,57	0,4	4,4	387	5,1

Tableau 16: Extrait du tableau des mesures

Sachons que le rendement du moteur dépend du taux de charge, les résultats obtenus de ces mesures indiquent que les moteurs cités ci-dessus ont un taux de charge faible inférieur à 55%, et un facteur de puissance très bas inférieur à 0.55 ce qui engendre des pertes dans la ligne.

Nous concluons d'après ces mesures que :
- La diminution du taux de charge qui se répercute négativement sur le rendement du moteur est due au surdimensionnement des moteurs.
- Le faible rendement est causé par l'ancienneté des moteurs.
- Les moteurs ne sont pas régulièrement contrôlés.

En outre de la campagne de mesure, nous avons effectué le test 1-2-3 afin d'évaluer l'état des moteurs et de déterminer les degrés d'urgence d'amélioration.

Nous avons pris en compte trois critères : l'âge, les heures de fonctionnement et la puissance nominale des moteurs. (ANNEXE 6).

En effet, environ 80 % des moteurs installés nécessitent une attention particulière et un contrôle permanent afin d'éviter toute défaillance, pour les moteurs à grande puissance telles que les pompes à vide, et les pompes barométrique sont très anciens d'où la nécessité d'un changement précoce.

Lors de notre inventaire, nous avons décelé plusieurs problèmes et procédures qui ne sont pas dans les normes et qui peuvent engendrer des anomalies.

- Chemin de câbles mal organisés
- Quelques câbles sont près des conduites à température élevée, d'où le risque des courts-circuits.
- Les jeux de barres ne sont pas isolés.
- Les armoires des blocs de commande sont mal ordonnées :Existence des départs inutiles dans les armoires électriques.
- Quelques moteurs de réserve des pompes n'ont pas la même puissance que les moteurs principaux. (surdimensionnement des moteurs)
- Les puissances des moteurs ne sont pas une mise à jour sur les schémas électriques.
- Il ya des moteurs qui ne sont pas protégés de l'eau des pompes.

II. Mesure du THD au niveau des transformateurs :

1. Définition :

Les harmoniques sont des tensions ou des courants sinusoïdaux dont la fréquence est un multiple entier (k) de la fréquence du réseau de distribution, appelée fréquence fondamentale (50 à 60 Hz).

Lorsqu'elles sont combinées à la tension ou au courant fondamental sinusoïdal, les harmoniques provoquent la distorsion de la forme d'onde de la tension ou du courant.

Les harmoniques sont généralement nommées H_k, où k est le rang de l'harmonique.

• IH_k ou UH_k indique le type d'harmonique (tension ou courant).

• IH_1 ou UH_1 désigne la tension ou le courant sinusoïdal à 50 ou 60 Hz lorsqu'il n'y a pas d'harmoniques (tension ou courant fondamental).

Le taux de distorsion harmonique total décrit l'influence des composantes harmoniques d'un signal. Il s'exprime par la relation suivante :

- Pour le courant :
$$THD_I\% = 100 \times \frac{\sqrt{Ih_1^2 + Ih_2^2 + Ih_3^2 + ... + Ih_k^2 + ...}}{Ih_1}$$

- Pour la tension :
$$THD_V\% = 100 \times \frac{\sqrt{Vh_1^2 + Vh_2^2 + Vh_3^2 + ... + Vh_k^2 + ...}}{Vh_1}$$

Les inconvénients d'avoir des harmoniques dans les réseaux électriques sont :
- Diminution du facteur de puissance.
- Perte de puissance apparente des transformateurs.
- Echauffement des câbles.
- Déformation d'onde de la sinusoïde.
- Avoir un courant dans le neutre.
- Déperditions dans les moteurs asynchrones…

Les équipements incorporant des dispositifs électroniques d'alimentation sont la principale cause des harmoniques qui polluent le secteur. Pour alimenter les composants électroniques en courant continu, l'équipement dispose d'une alimentation à découpage avec un redresseur à l'entrée qui génère des courants harmoniques.

Il s'agit, par exemple, d'ordinateurs, de variateurs de vitesse, de lampes fluorescentes et à décharge etc.

2. Mesure du THD :

Les mesures sont prises par des appareils de mesure installés au niveau de chaque départ des transformateurs. Ils ont pour fonction de mesurer toute les grandeurs électriques, et parmi les mesures qui nous intéressent, c'est les mesures des THD distorsion harmonique totale en courant et en tension,

Le tableau suivant montre les THD du courant et de la tension (simple et composé) mesurés au niveau de chaque transformateur du réseau électrique de l'usine SUNABEL MBK.

THD	Transfo 3	Transfo 4	Transfo 5	Transfo 6	Transfo 7	Transfo 8
I *THD 1* %	5.1	6.1	5	3.3	2.9	3.1
I *THD 2* %	6.1	5.9	5.1	3.5	3	3.2
I *THD 3* %	5.4	5.6	4.9	3.3	3.1	3
V *THD 1* %	3.4	2.6	2.9	2.8	2.4	2.8
V *THD 2* %	3.4	2.5	1.9	2.7	2.5	2.8
V *THD 3* %	3.3	2.4	2.1	2.6	2.6	2.7
U *THD 1* %	3.5	2.6	2.3	2.6	2.6	2.6
U *THD 2* %	3.6	2.6	2	2.7	2.6	2.7
U *THD 3* %	3.4	2.3	2.1	2.6	2.5	2.7

Tableau 17: Tableau de mesure de THD

3. Analyse et résultats :

Nous concluons d'après ce tableau que :

- → Toutes les THD de la tension au niveau des transformateurs restent inferieure à 5%, et par conséquent la norme CEI 61000-2-2 est respectée. (ANNEXE 10)
- → Les THD du courant restent inferieurs à 10% ils sont considérés comme normal, il n'ya donc aucun dysfonctionnement à signaler.

A partir des ces résultats, les valeurs efficaces des harmoniques de la tension et du courant sont faibles et donc restent négligeables. Et cela est dû à l'absence des charges qui génèrent les harmoniques, et de l'existence des filtres d'harmonique comme les selfs dans les appareils non linéaires comme les variateurs électroniques de vitesses.

Conclusion :

L'inventaire des moteurs installés à l'usine et le diagnostic des installations cible de notre audit, nous ont permis de déceler des points de gaspillages que nous pouvons pallier grâce à des MEEE.

Dans le chapitre prochain nous allons proposer des mesures d'économie d'énergie, et qui contribueront à la réduction des émissions CO_2.

Chapitre 4 : Plans d'action proposés pour l'optimisation de la consommation électrique

Introduction :

Etant conscients de l'importance de la bonne exploitation des ressources matérielles afin d'économiser à la fois l'énergie et l'argent .Nous avons proposé des solutions afin de réduire voire éliminer les points de gaspillage trouvés au niveau des procédés audités .Les actions proposées sont de deux types :

- **Les actions à court et moyen terme** : Il s'agit généralement des actions dont le potentiel d'amélioration de la performance énergétique est plus élevé.
- **Les actions à long terme** : Il s'agit des actions qui nécessitent des études d'ingénierie approfondies et doivent être prises en considération lors des travaux de rénovation ou de renouvellement.

Les paragraphes suivants présentent d'une façon détaillée les actions et les préconisations proposées.

I. Compensation de l'énergie réactive :

Vue les nombreux avantages apportés par la compensation d'énergie réactive. Une mise au point de cette dernière s'avère nécessaire.

Une bonne compensation énergétique influence positivement sur la puissance appelée et par conséquent sur la facture d'électricité. Lors de l'analyse des factures d'électricité, nous avons opté pour un redimensionnement de la puissance souscrite avec un facteur de puissance égale à 0.96. Dans ce chapitre, nous allons calculer la puissance réactive nécessaire à installer au niveau du transformateur de secours de 800kVa (alimente l'usine pendant la période de l'inter campagne) pour atteindre un $\cos\varphi=0.96$.

1. Calcul de la puissance réactive Qc de compensation :

La puissance réactive Qc nécessaire à la compensation, se calcule à partir da la puissance active moyenne appelée et du facteur de puissance le plus défavorable mesuré.

A partir des factures d'électricité, nous avons calculé la puissance moyenne appelée durant l'année 2013, le tableau suivant présente les différentes puissances appelées :

Mois	S appelée (kVA)	Indice de Max en (kW)	cos(φ)
Janvier	180	154.8	0.86
Février	223	175.72	0.78
Mars	178	156.1	0.87
Avril	467	644.53	0.99
Mai	691	666.81	0.96
Juin	321	319.07	0.99
Juillet	813	683.73	0.84
Août	117	112.43	0.96
Septembre	156	143.52	0.92
Octobre	174	149.64	0.86
Novembre	204	177.88	0.87
Décembre	185	159.65	0.86

Tableau 18: Les relevés des puissances appelées chaque mois, l'indice de max et cos(φ).

- **Dimensionnement des batteries de compensation :**

La valeur moyenne de la puissance active appelée est de l'ordre de **301.59** kW. Pour dimensionner les batteries qui compensent cette énergie, on applique la relation suivante :

$$Qc = P \times (\tan(\Phi a) - \tan(\Phi d)).$$

P : La puissance active mesurée.

Tan (Φa) : Le facteur de puissance le plus défavorable (0.78).

Tan (Φd) : Le facteur de puissance désiré. (0.96).

- **Application numérique :**

  - Qc = 301.59× (0.8022-0.2916) = 153.99 kVar.
  - On choisira des batteries standard de 160 kVar.

En effet, la puissance appelée en kVa est inversement proportionnelle au facteur de puissance P=S x cos (Φn). Donc si cos(φ) est plus grand, la puissance appelée sera plus petite.

- **Type de compensation choisi :**

Dans la période hors campagne, l'alimentation en électricité dans l'usine bascule vers le réseau de l'ONE, par l'intermédiaire du transformateur de 800 Kva.

Le type de compensation est choisi selon les critères suivants :

- Si Qc/Sn>15% => compensation automatique.
- Si Qc/Sn<15% => compensation fixe.

Pour notre cas Qc/Sn=160/800=20%> 15% ➔ Compensation automatique exigée.

D'autre part, au cours de la campagne chaque transformateur du réseau électrique de l'usine est muni par des régulateurs à compensation automatique ce qui assure un facteur de puissance de 0.96.

II. Optimisation de la puissance active fournie par les turbo-alternateurs :

Au cours de cet audit, le principal problème décelé est l'insuffisance de la puissance fournie par les deux turbo-alternateurs. Dans cette partie, nous allons calculer la puissance maximale qui pourra être générée par les turbo-alternateurs.

La puissance est proportionnelle au débit massique de la vapeur et à la chute enthalpique au niveau de la turbine.

Pour faire augmenter la puissance, il est nécessaire de faire augmenter la pression et/ou la température à l'admission, ou alors réduire la pression et/ou la température à la sortie de la turbine.

Nous avons opté pour la modification de la pression de sortie de la turbine (la contre pression) , car ce paramètre est le seul qui pourra être ajusté si nous prenons en compte les conditions de la vapeur imposées par la station d'évaporation qui exige une température de 140 °C.

1. Généralités sur l'enthalpie :

L'enthalpie est l'énergie dégagée par un fluide selon sa température et sa pression. Elle s'exprime en joule/kg.

Pour connaitre la valeur d'enthalpie d'eau vaporisée dotée d'une pression et d'une température précise, nous allons utiliser le diagramme de Mollier.

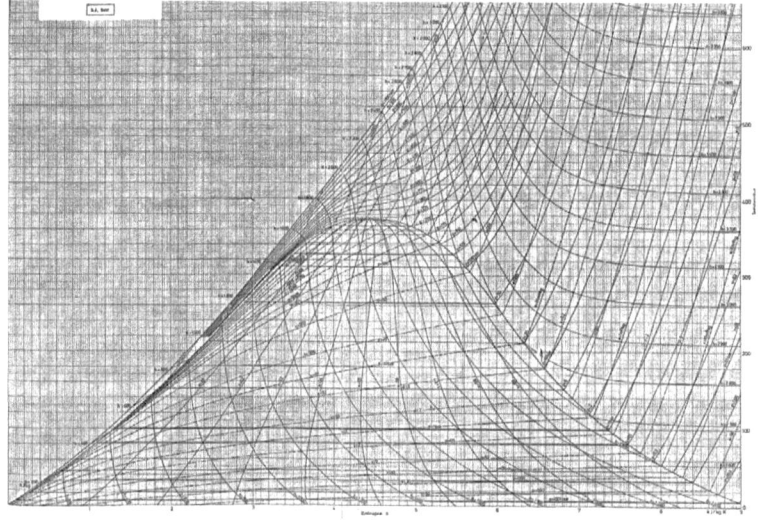

Figure 30 : Diagramme de mollier1.

2. Méthode de calcul d'enthalpie :

Pour trouver la valeur d'enthalpie correspondante à une pression et à une température précise il faut :

1) Tracer une ligne horizontale avec la température correspondante.
2) Trouver la courbe qui correspond à la pression demandée.
3) Trouver le point d'intersection entre la température et la pression.
4) Faire la projection de ce point d'intersection sur la courbe d'enthalpie et lire la valeur correspondante de cette courbe.

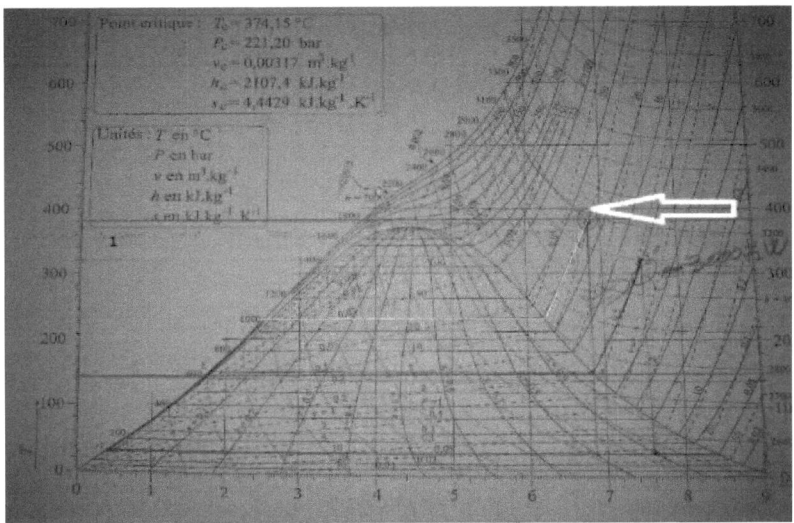

Figure 31 : Diagramme de mollier 2.

3. Puissance de la turbine :

La puissance de la turbine dépend du débit massique, de la température, de la pression à l'admission et à l'échappement. Elle s'exprime par la relation suivante :

$$P = Q_m \cdot (H_e - H_s) \cdot \eta$$

P : puissance en KW
Qm : débit massique en kg/s
He : enthalpie en entrée en kJ/kg
Hs : enthalpie en sortie en kJ/kg
η : rendement de la turbine

Le débit fourni à chaque turbine est de 27T/h de vapeur à chaque turbine. La vapeur entrante a des caractéristiques fixes, une pression de 30 bars et une température de 375°C, à la sortie de la turbine, la vapeur d'échappement sort avec une température de 140°C (température sollicitée par la station d'évaporation) et une pression de 3.5 bars.

4. Calcul de puissance électrique récupérée :

On considère un débit massique constant Qm=27T/h=6.39 Kg/s

T_E =380°C ; P_E =30 bar ; T_S =140°C P_S =3.5 bar ; η_T =0.9 ; η_R =0.95 ; η_A =0.93.

Avec :

T_E : température de vapeur d'entrée.
η_T : rendement de la turbine.
η_A : rendement d'alternateur.
P_E: pression de vapeur d'entrée.
η_R : rendement du réducteur.

D'après le diagramme entropique de la vapeur d'eau on a :

Les enthalpies massiques : He= 3180 KJ/Kg et Hs= 2734 KJ/Kg.

La puissance générée par chaque alternateur :

- Avec la pression de sortie de 3.5bar :

    P=Qm. (He-Hs).η_T.η_R.η_A=7.5× (3180-2734)×0.9×0.95×0.93=2659.77KW

- Avec la pression de sortie de 1.96 bar :
    on a Hs=2706KJ/Kg

P=Qm. (He-Hs).η_T.η_R.η_A=7.5×(3180-2706)×0.9×0.95×0.93=2826.75KW

La puissance récupérée par la baisse de pression de chaque alternateur est :

- $P_{récupérée}$=$P_{1.96bars}$-$P_{3.5bars}$=2826.75-2659.77=166.98KW

Avec un bénéfice en terme d'énergie : $E_{récupérée}$=333.98×90×24×=721396.8 kWh

Cette méthode permet de récupérer 333.98KW pour les deux turbo-alternateurs.

Puissance récupérée (Kw)	Energie économisée (kWh)	Réduction des émissions CO_2 (Tonne)	Gain au niveau du coût (DH)
333,98	721396,8	705,52607	721396,8

Tableau 19: Récapitulatif du gain apporté par la réduction de la contre pression

III. Optimisation des pertes thermiques au niveau des conduites de tuyauterie de la chaudière :

Lors de l'audit énergétique mené au niveau des conduites de l'eau chaude et de la vapeur d'eau, nous avons souligné quelques défaillances au niveau des conduites de transport de la vapeur et de l'eau chaude.

En effet, il existe beaucoup de fuites thermiques dans les conduites de transport de la vapeur et de la vapeur d'eau dues au non calorifugeage et à une mauvaise isolation , d'où la nécessité d'entretenir les conduites non isolées et de calorifuger les parties non isolées .Nous avons noté aussi que le non calorifugeage existe partout dans l'usine mais nous avons considéré uniquement les fuites au niveau des conduites des chaudières car la partie ciblée dans cette audit est la centrale thermique.

- **Calcul des pertes de chaleur dans les tubes non isolés :**
  - **Méthode de calcul :**

Afin de calculer les émissions de chaleur des tuyaux non isolés, nous avons appliqué les les formules proposées par Roger Cadiergues. (ANNEXE 7)

L'émission de chaleur linéique (c'est à dire par unité de longueur) des tubes nus est donnée par les expressions suivantes :

- **Tubes verticaux :**

$P = [15,3 + 0,11\ T + 6,9\ (T - T_a)^{0,25}]\ .\ D_{te}\ .\ (T - T_a)\ (W/m)$

- **Tubes horizontaux**

$P = [15,3 + 0,11\ T + 4,15\ ((T - T_a) / D_{te})^{0,25}]\ .\ D_{te}\ .\ (T - T_a)(W/m)$

où T : température du tube (égale à celle du fluide) °C

T_a : température dans les locaux traversés °C

D_{te} : diamètre extérieur du tube m

- **Calcul des pertes thermiques :**

A l'aide des mesures de la température et de la surface des tubes non calorifugés .Nous avons pu appliquer les formules mentionnées ci-dessus .Ainsi nous avons calculé les pertes thermiques au niveau des conduites reliant les chaudières aux consommateurs directs de la vapeur (centrale thermique et la station de l'évaporation).

Le tableau ci-dessous représente les déperditions thermiques totales en kW :

Fluide	Dte (DN en m)	Ta en °C	T(tube) en °C	Position du tube	Longueur du tube (m)	Puissance dissipée en w/m	Pertes à récupérer en KW
Alimentation eau condensé	0,15	39	93,6	Horizontale	1	358,0905181	0,36
Alimentation eau condensé	0,5	39	83,4	Verticale	0,1	419,8841449	0,042
Alimentation eau condensé	0,15	39	91,4	Verticale	0,1	171,2705183	0,02
Vapeur	0,15	47,5	375	Verticale	0,7	1498,51	1,05
Vapeur	0,2	47,5	320	Verticale	0,1	1578,37	0,16
Vapeur	0,2	20	68	Verticale	1,6	197,13	0,32
Eau entrée ballon	0,15	35,6	324	Verticale	0,15	1281,02	0,19
Eau	0,15	54,6	300	Verticale	0,3	1053,57	0,32
Eau	0,11	46,8	274	Verticale	0,15	714,94	0,12
Eau bac	0,2	38	90	Verticale	0,4	217,90	0,09
Eau	0,11	37	320	Verticale	0,5	931,5	0,47
Eau	0,11	37	320	Verticale	0,5	931,5	0,47
Eau	0,11	37	320	Verticale	0,5	931,5	0,47
Vapeur	0,2	40	375	Horizontale	0,22	5567,65	1,22
Vapeur	0,2	40	303	Horizontale	0,3	3872,45	1,16
Vapeur	0,15	40	105	Horizontale	0,3	446,4	0,13
Vapeur	0,4	40	130	Horizontale	1,5	1644,22	2,47
Vapeur	0,25	40	130	Verticale	0,2	507,782	0,10
Vapeur	0,4	39	120	Horizontale	1,5	1430,62	2,15
						Pertes totales à récupérer (kW) :	11.27

Tableau 20 : Calcul des pertes dues à la non calorifugation

- **Interprétation des résultats :**

Les pertes dues au non calorifugeage des conduites de transport de l'eau chaude et de la vapeur s'élèvent à 11.27 kW.

Or, les chaudières fonctionnement en permanence pendant les 3 mois de la campagne, donc les pertes d'énergie s'élèveront à 24351,09 kWh. Ce qui est équivalent à 2980,88 kg de charbon doté d'un pouvoir calorifique d'environ 7000kcal/kg. Ainsi, Nous pouvons récupérer 8942,63 DH si on complète la calorifugation des conduites seulement.

Puissance économisée (kW)	Energie économisée (kWh)	Gain en charbon (kg)	Gain en (DH)	Réduction des émissions CO2 (Tonne)
11.27	24351,09474	2993,169251	8979,507754	23,81537065

Tableau 21 : Récapitulatif des gains après calorifugeage

Notons que nous nous sommes focalisés sur les pertes thermiques au niveau des conduites seulement, mais si nous considérons de l'isolation au niveau des vannes aussi, et de la totalité des fuites qui pourront exister dans les chaudières à savoir les pertes d'inétanchéité (air parasite) et les pertes dues aux purges continues, nous allons conclure différemment sur l'état de cette installation.

D'après ce petit bilan, nous sollicitons une intervention précoce par le personnel d'exploitation afin de maitriser l'état des tuyauteries voire même constaté d'éventuels dommages.

Ces déperditions calorifiques engendrées par le non calorifugeage des conduites ne semblent pas très importantes, mais si on en ajoute les pertes dues à une mauvaise calorifugation chose que nous n'avons pas pris en compte, ainsi que les autres fuites thermiques au niveau de toute l'usine, les dommages serait plus importantes.

IV. Optimisation de la consommation électrique au niveau du système de pompage :

Après le diagnostic établi pour les cinq pompes de la station d'épuration, nous admettons qu'une pompe à vitesse constante a une hauteur manométrique totale plus importante que celle requise par le procédé.

Afin de répondre aux exigences réelles du procédé, nous proposons l'exploitation d'une pompe à vitesse variable. Cette fois-ci, la pompe va délivrer un débit avec la hauteur manométrique totale requise par le procédé, et par conséquent, nous allons remédier au problème des pertes de charge (chutes de pression) engendrées par la vanne de régulation et par le système de tuyauterie.

Cette courbe illustre l'avantage apporté par la modulation de vitesse en fonction du débit.

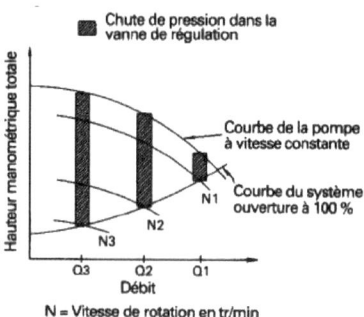

Figure 32 : Economie d'énergie par modulation de la vitesse de rotation

La courbe du système indiquée dans la figure 32 montre que le débit est transmis à la hauteur manométrique totale requise par le procédé lorsque la vitesse de la pompe est réglée par un entraînement à vitesse variable (EVV).

Nous soulignons que grâce à un entrainement à vitesse variable, le point de fonctionnement se déplace sur la courbe du système et non plus sur la courbe de la pompe à vitesse constante. Ainsi, les économies réalisées dépendent de la différence de hauteur entre la courbe de la pompe à vitesse constante et la hauteur requise par le système à chaque débit donné, comme l'indique la figure 32.

1. Calcul de la consommation électrique des pompes à variateur de vitesse :

Nous avons remarqué que dans le cas d'une pompe à vitesse constante, le débit est fourni à une hauteur manométrique totale telle est dictée par la courbe de la pompe. Quand nous installons un variateur de vitesse, et nous éliminons la vanne de régulation, le procédé exigera une hauteur moins grande grâce à la réduction des pertes de charge dans la tuyauterie et la dans le vanne, occasionnées par le faible débit.

Le tableau ci-contre donne des informations sur la puissance absorbée totale, l'énergie économisée et la réduction des pertes de charge après une mise en place d'un EVV pour voir son impact sur la consommation électrique et sur les pertes de charges. (Exemple jus trouble1).

Désignation de la pompe	Q (m3/h)	N (rpm)	Pa (KW)	H(m)	Gain en pertes de charge (m)	Energie consommée à vitesse constante (kWh)	Energie consommée à vitesse réduite (kWh)	Energie économisée (kWh)
Jus trouble 1	350	1050	58,5278815	40	4	105 190,26	46 524,06	58 666,20
		900	36,8572082	36				
	285	1050	52,0985938	42	18			
		800	23,0424187	24				
	165	1050	41,9003987	47	20			
		800	18,5319116	27				

Tableau 22: Consommation de la pompe du jus trouble avant et après mise en place d'un VEV.

- **Démonstration :**

D'après la courbe caractéristique de la pompe du jus trouble 1 :

Le débit minimal qu'elle peut délivrer est : $Qmin = 70 \ m^3/h$.

Le débit maximal qu'elle peut délivrer est : $Qmax = 770 \ m^3/h$.

Si nous considérons que la vanne automatique de régulation à courbe caractéristique linéaire, c'est-à-dire que son ouverture ou sa fermeture est proportionnelle au débit.

le débit requis pour un étranglement de 50 % de la vanne serait de :

$$Q_{50\%} = (Qmax - Qmin)/2 = 350 \ m^3/h. \quad (1)$$

La puissance absorbée théorique au point de fonctionnement ayant le débit $Q50\%$ à la vitesse 1050 tr/min est :

$$Pa \ théorique = \frac{Q.\rho.g.h}{\eta.3,6.10^6} = \frac{350.1150.9,81.40}{0.7496.3,6.10^6} = 58.5278 \ KW \quad (2)$$

D'après la courbe caractéristique de pompe du jus trouble 1, la puissance absorbée par l'arbre de la pompe au point de fonctionnement ayant le débit $Q50\%$ à la vitesse **1050 tr/min** est :

$$P_{courbe} = 58.40 \ KW \quad (3)$$

De (1),(2) et (3)   **Pa théorique** ≈ P_{Courbe} ≈ **58.5 KW**

Si nous changeons la vitesse de rotation de 1050 à 900 tr/min pour le même débit, la puissance absorbée théorique à l'arbre de la pompe se calculera selon les lois de similitude (VOIR ANNEXE 4) :

$$Pa2 = Pa1 \times \left(\frac{n2}{n1}\right)^3$$

Avec : Pa_1 = puissance absorbée à la vitesse n1 [kW]

Pa_2 : Puissance absorbée à la vitesse n2 [kW]

n_1 et n_2 : vitesse de rotation [tr/min]

Donc $$Pa2 = 58,5278815 \times \left(\frac{900}{1050}\right)^3$$

D'où : **$Pa2 = 36,8572082\text{kW}$**

Sachant que les pompes fonctionnent généralement à un débit inférieur au débit nominal qui est de 350m^3/h, nous avons considéré les deux débit moyens utilisés pendant de la campagne compris entre 165m^3/h et 285 m^3/h. Ainsi nous avons tiré les mêmes conclusions. (Voir annexe 7).

- **Interprétation des résultats :**

L'exemple de la pompe du jus trouble1 reflète parfaitement l'impact positif du à l'utilisation d'un EVV pour l'entrainement du moteur de la pompe afin de réguler le débit.

Ainsi, nous avons économisé 58 666,20 kWh, ce qui représente un gain de 55,77% par rapport à l'énergie consommée actuellement.

En ce qui concerne les pertes de charge au niveau de la vanne de régulation et de la tuyauterie, nous remarquons d'après les calculs effectués (ANNEXE 8) qu'elles ont baissés d'une façon très importante avec un gain dépassant 20 m de colonne.

Le tableau suivant illustre les avantages énergétiques économiques et écologiques apportés par la régulation du débit à vitesse variable.

Désignation de la pompe	Energie économisée (kWh)	Gain en pourcentage	Gain en DH	Gain émissions CO_2 (tonnes)
Jus trouble 1	58 666,20	55,77	58 666,20	57.38
Jus trouble 2	55 479,95	55,77	55 479,95	54.26
Jus clair 1	92 683,77	62,31	92 683,77	90.64
Jus clair 2	90 977,48	58,14	90 977,48	88.98
Jus chaulé	40 839,64	38,18	40 839,64	39,94
Total :	**338 647,04**	**54,04**	**338 647,04**	**331,20**

Tableau 23 : Récapitulatif des gains apportés par le VEV

Remarque : Les calculs détaillés concernant les cinq pompes se trouvent en annexe.

Nous concluons que grâce à cette mesure d'économie d'énergie, nous avons répondu aux objectifs tracés par notre audit, c'est-à-dire qu'on a su minimiser les pertes charges ainsi que la consommation en énergie électrique. Dans l'étude technico-économique nous allons calculer la période de rentabilité de la mise en place d'un EVV pour les cinq pompes auditées.

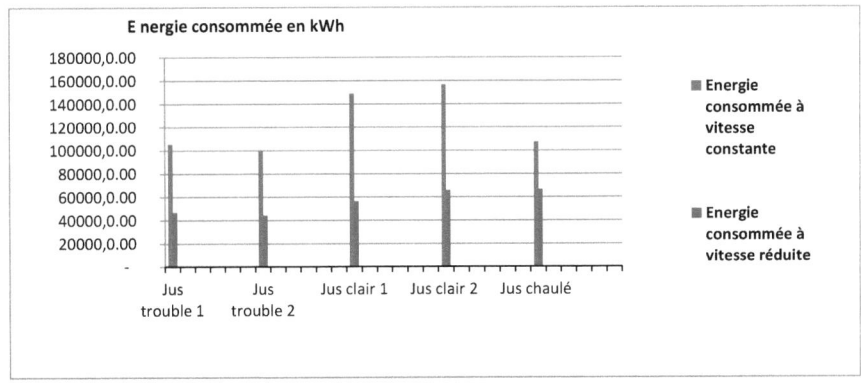

Figure 33 : Consommation des pompes à vitesse variable et à vitesse fixe

V. Optimisation de la consommation électrique au niveau des compresseurs d'air comprimé :

Il existe de multiples voies d'améliorations au niveau des compresseurs d'air comme le colmatage des fuites ou la récupération de chaleur et la régulation des compresseurs par la mise en place de variateur électronique de vitesse (VEV). Cette dernière opération est l'action que nous proposons car nous nous intéressons dans notre projet à la partie électrique des installations.

L'observation de prés du comportement des compresseurs installés à la PKF, et le calcul de leurs consommation électriques actuelle avec le mode de réglage existant (charge/décharge). Nous envisageons la mise en place d'un variateur électrique de fréquence afin de varier la vitesse de rotation du moteur qui entrainera les compresseurs selon le débit souhaité par le système de filtration.

1. Calcul de la consommation électrique des compresseurs d'air avec entrainement à vitesse variable :

Pour voir l'impact de cette mesure de gestion d'énergie sur la consommation électrique des compresseurs d'air, nous avons collecté toutes les données nécessaires au calcul de la nouvelle consommation électrique et du gain économique annuel.

1.1 Consommation du compresseur d'air 1 (côté mur) doté d'un VEV :

Compresseur 1 (côté du mur) Installation d'un variateur de vitesse		
	Unité	valeur
Débit nominal à pleine charge	l/s	119,00
Durée de fonctionnement chargé	h/an	900
Durée de fonctionnement sans charge	h/an	810
Puissance de sortie de l'arbre du moteur (plaque signalétique)	kW	45
Nombre de phases		3
Constante de phase Y		1,73
Tension nominale	V	400
Intensité nominale à pleine charge	A	88
Facteur de puissance nominal à pleine charge		0,8
Tension mesurée chargé (3phase)	V	368
Intensité mesurée chargé	A	51,2
Facteur de puissance mesuré chargé		0,98
Tension mesurée sans charge (3 phase)	V	371
Intensité mesurée sans charge	A	20
Facteur de puissance mesuré sans charge		0,84
Coût unitaire de l'électricité	Dh/kWh	1
COUT ANNUEL CHARGE		
Facteur de charge		1
Rendement du moteur (plaque signalétique)		0,937
Puissance d'entrée électrique	kW	**31,98191633**
Puissance mécanique du moteur	kW	**29,9670556**
Coût annuel chargé	Dh/an	28783,72
COUT ANNUEL SANS CHARGE		
Facteur de charge		1
Rendement du moteur		0,937
Puissance d'entrée électrique	kW	**10,79552627**
Puissance mécanique du moteur	kW	**10,11540812**
Coût annuel sans charge	Dh/an	8744,38
COUT ENTRAINEMENT A VITESSE VARIABLE		

Durée de fonctionnement à vitesse variable (heures totales de fonctionnement)	h	1710
Rendement du variateur de vitesse		0,95
Perte par transmission du moteur (entrainement direct)	%	0
Rendement mécanique du compresseur		1
Puissance d'entrée de l'arbre du moteur pleine charge	kW	29,9670556
Puissance d'entrée moyenne du compresseur	kW	15,77213452
Puissance d'entrée moyenne du moteur	kW	17,7185132
Coût annuel de l'énergie	Dh/an	30299
ECONOMIE ANNUELLE	DH/an	**7229**

Tableau 24: La consommation électrique du compresseur 1.

Pour le premier compresseur, la consommation électrique annuelle par un entrainement direct est estimée atteindre **37 528,10kWh**, la mise en place d'un VEV fait diminuer la consommation électrique totale qui devient égale à **30299 kWh**, d'où un gain de **7229 kWh**.

1.2 Consommation électrique du compresseur d'air 2 avec VEV :

Compresseur 2 (côté décanteur bruckner) Installation d'un variateur de vitesse		
	Unité	Valeur
Débit nominal à pleine charge	l/s	119,00
Durée de fonctionnement chargé	h/an	1170
Durée de fonctionnement sans charge	h/an	900
Puissance de sortie de l'arbre du moteur (plaque signalétique)	kW	45
Nombre de phases		3
Constante de phase Y		1,732050808
Tension nominale	V	400
Intensité nominale à pleine charge	A	88
Facteur de puissance nominal à pleine charge		0,8
Tension mesurée chargé (3phase)	V	368
Intensité mesurée chargé	A	51,2
Facteur de puissance mesuré chargé		0,98
Tension mesurée sans charge (3 phase)	V	371
Intensité mesurée sans charge	A	20
Facteur de puissance mesuré sans charge		0,84
coût unitaire de l'électricité	Dh/kWh	1
COUT ANNUEL CHARGE		
Facteur de charge		1

Rendement du moteur		0,937
Puissance d'entrée électrique	kW	**31,98191633**
Puissance mécanique du moteur	kW	**29,9670556**
Coût annuel chargé	Dh/an	37419
COUT ANNUEL SANS CHARGE		
Facteur de charge		1
Rendement du moteur		0,937
Puissance d'entrée électrique	kW	**10,79552627**
Puissance mécanique du moteur	kW	**10,11540812**
Coût annuel sans charge	Dh/an	9716
COUT ENTRAINEMENT A VITESSE VARIABLE		
Durée de fonctionnement à vitesse variable	h	2070
Rendement du régulateur de vitesse		0,95
Perte par transmission du moteur	%	0
Rendement mécanique du compresseur		1
Puissance d'entrée de l'arbre du moteur pleine charge	kW	**29,9670556**
Puissance d'entrée moyenne du compresseur	kW	**16,93790099**
Puissance d'entrée moyenne du moteur	kW	**19,02814244**
Coût annuel de l'énergie	Dh/an	39388
ECONOMIE ANNUELLE	DH/an	7747

Tableau 25 : La consommation électrique du compresseur 2

Pour le premier compresseur, la consommation électrique annuelle par un entrainement direct est estimée atteindre **47 134,82 kWh**, mais après avoir changé le mode de réglage par entrainement vitesse variable. La consommation électrique totale devient égale à **39388kWh**, d'où un gain de **7747 kWh**.

- **Tableau récapitulatif des gains apporté par le VEV :**

Gain énergétique (kWh)	Gain économique (DH)	Réduction des émissions CO_2
14976	14976	14,646528

Tableau 26 : Récapitulatif des gains par la mise en place d'un VEV au niveau des compresseurs
N.B : les détails du calcul se trouvent à la fin de ce rapport **(ANNEXE 9)**.

On conclut que la consommation d'électricité des compresseurs d'air comprimé est importante, d'où la nécessité de les adapter aux besoins du système en choisissant un mode de réglage adéquat.

Certes, le réglage existant à la station PKF permet une économie d'énergie, en réduisant la consommation lors de la décharge du compresseur ou lors de la mise en arrêt du moteur lorsqu'il ya un excès d'air avec une pression du réseau plus importante que celle du service. Toutefois le VEV reste une solution plus efficace en permettant la fois de réduire considérablement la consommation électrique, en protégeant le moteur électrique et en améliorant le rendement du procédé.

VI. Actions et recommandations sur les moteurs électriques :

1. Action appliquées :

- Mise à jour des puissances installées des équipements électriques (ANNEXE 5)
- Campagne de mesures des puissances appelées par les moteurs électrique de l'usine.(ANNEXE 5)
- Evaluation des moteurs et détermination des plans d'urgence d'amélioration pour éviter davantage les défaillances qui pourront subvenir. (ANNEXE 6).

2. Action à entreprendre :

- Eviter les surdimensionnement des moteurs (cas très fréquent).
- Un entretien et un suivi permanent des moteurs électriques, avec des moyens de contrôle développés s'impose pour maintenir les moteurs en bon état.
- Une intervention précoce au niveau des moteurs anciens est bien sollicitée car plus le $\cos(\phi)$ est petit plus l'appel de courant et fort, et plus il y a des pertes de ligne.

- **Substitution des moteurs anciens par des moteurs à haut rendement :**

Pour optimiser la consommation électrique des installations de production, il est fortement recommandé de renouveler les machines ou de remplacer nos anciens moteurs par des moteurs à haut rendement.

Les gammes des moteurs à rendement supérieur sont classées en trois classes :
- **IE1** Moteur à rendement niveau **STANDARD**
- **IE2** Moteur à rendement niveau **HAUT**
- **IE3** moteur à rendement niveau **PREMIUM**

Il est de préférable d'utiliser des moteurs de classe **IE2** vue son prix favorable et son haut rendement.

Après avoir évalué l'état des moteurs via le test 1-2-3, nous avons décelé les moteurs qui doivent être remplacé par des moteurs à haut rendement .le tableau ci-dessous résume les résultats obtenus par nos calculs.

Désignation	Moteur standard		Moteur haut rendement		PEco	EEco
	KW	η_S	KW	η_H		
GRILLE N°1	2.2	72	2.2	84.3	0,44	950,4
GRILLE N°2	2.2	72	2.2	84.3	0,44	950,4
GRILLE N°3	2.2	72	2.2	84.3	0,44	950,4
CLASSIFICATEUR	22	74	22	91.6	5,71	12333,6
PONT	15	74	15	90.6	3,71	8013,6
POMPE A BOUT (BRUKNER)	15	74	15	90.6	3,71	8013,6
ASPIRATEUR DE LA MOUSSE	5.5	79	5.5	88	0,712	1537,92
COLLECTEUR DE LA MOUSSE	0.55	72.1	0.55	80	0,075	162
COLLECTEUR DE LA MOUSSE	0.55	72.1	0.55	80	0,075	162
VIS DE LA MOUSSE	1.1	75	1.1	81.4	0,11	237,6
POMPE ABATAGE	22	74	22	91.6	5,71	12333,6
POMPE BAROMETRIQUE N°1	132	82	132	94.7	21,58	46612,8

Tableau 27 : Gain en énergie électrique suite à l'utilisation des Moteurs IE2

- Méthode de calcul :

- $P_{ECO} = P \times (\dfrac{1}{\eta_S} - \dfrac{1}{\eta_H})$

- $E_{ECO} = P_{ECO} \times heures$

Récapitulatif des gains :

Gain énergétique (KWh)	Gain économique (DH)	Réduction des émissions CO2 (T)
29257.92	29257.92	90.15

Tableau 28 : Gain récapitulatif des gains

Conclusion :

Pour analyser la faisabilité technique et économique, nous allons établir dans le prochain chapitre une étude technico-économique des actions préconisées.

Chapitre 6 : Etude technico-économique

Introduction :

Une étude de la faisabilité des solutions proposées dépend en grande partie du budget nécessaire à l'investissement et à la période de la rentabilité du projet.

A cette fin, nous avons élaboré une étude technico-économique en choisissant les équipements appropriés à l'installation en question à savoir : les batteries de compensation au niveau des transformateurs, les variateurs de vitesse au niveau des pompes et des compresseurs d'air ainsi qu'au calorifugeage des conduites d'eau chaude et de la vapeur.

I. Choix des batteries de condensateurs :

1. Méthodologie de sélection d'équipement de compensation :

Pour choisir le bloc de compensation qui s'adapte aux caractéristiques du réseau, il faut prendre en considération plusieurs paramètres, la méthodologie se fait par des étapes qu'on va citer :

→ **Collecte des informations sur :**
- La tension U.
- La fréquence du réseau 50 Hz ou 60 Hz.
- Puissance du transformateur.
- Mesures de puissance.
- Batteries existantes.

→ **Calcul de la puissance réactive :**
- La puissance réactive se détermine à partir des données électriques de l'installation.

→ **Choix de type de batteries en fonction des harmoniques :**
- Soit l'installation n'a pas d'harmoniques et il n'y a pas de risque de résonance (Choix d'une batterie pour réseau peu pollué).
- Soit l'installation a des harmoniques et/ou il y a un risque de résonance (Choix d'une batterie pour réseau fortement pollué).
- En l'absence d'information sur l'installation et par précaution (Choix d'une batterie pour réseau fortement pollué).

2. Choix effectué :

Dans notre cas le choix se fait dans la gamme de compensation basse tension, le transformateur aura un bloc de compensation automatique, Les batteries de condensateurs sont d'une puissance réactive fractionnée en "gradins" avec possibilité de mise en service ou hors service de plus ou moins de gradins. La puissance réactive s'adapte à l'évolution des besoins de la charge. Et évite, ainsi, le renvoi d'énergie réactive sur le réseau et les surtensions dangereuses pour les circuits d'éclairage lors des marches à faible charge de l'installation. Il existe plusieurs sociétés de fabrication des blocs de compensation, la majorité des ses produits ont les mêmes caractéristiques. Pour nous on a choisi la société « CISAR CONDENSATOR INDUSTRIAL SL».

II. Choix des variateurs électroniques de vitesse.

1. Critères de choix :

Un Variateur électronique de vitesse est défini en 2 temps :
- Le choix porte tout d'abord sur une technologie.il existe plusieurs gammes de VEV dont la technologie est liée à la nature du réseau d'alimentation et au type de moteur utilisé.
- Ensuite dans la gamme adaptée, le VEV est choisi en puissance selon la nature de l'application à traiter. Concrètement c'est le choix du calibre du VEV et de ses quadrants de fonctionnement.

Le choix est guidé par des critères économiques et techniques:
- Coût de l'équipement.
- Les caractéristiques mécaniques.
- Les performances recherchées.
- La politique de maintenance.
- L'utilisation du moteur.
- La nature du réseau électrique.
- L'ajout d'un variateur de vitesse électronique doit tenir compte de la compatibilité entre les caractéristiques électriques du moteur et du VEV.

2. Gamme de produit choisie:

Il existe une gamme de VEV adaptable à notre application pour la basse tension et isolée du moteur. Nos calculs sont basés sur :
- le type *ACS800-01 – BT* pour les moteurs de puissance de 110kW.

- le type *ACS550-01 – BT* single drives pour les moteurs de puissance de 75kW et 45kW.

- **Caractéristiques du VEV ACS550-01– BT et ACS800-01 – BT :**

L'ACS800 et ACS550 proposent une gamme de puissance plus élargie, pour des applications industrielles diversifiées ainsi que des applications à couple constant et variable : pompes, ventilateurs, convoyeurs et mélangeurs. Il intègre, en standard, un filtre RFI pour le 1er environnement, le contrôle vectoriel du flux et une self osculatrice pour des performances accrues et un gain de place.

→ Configuration standard	3. Puissance/tension : 0,75 à 160 kW, et 5.5 à 75 KW, 208 à 240 V et 380 à 480 V, triphasé 4. Coffrets pour montage mural, IP21 en standard (UL type 1), IP54 en option (UL type 12 en tailles R1-R6) 5. Contrôle vectoriel de flux 6. Filtre RFI et interface bus de terrain Modbus EIA-485 intégrés 7. Self oscillatrice anti-harmoniques
→ **Options et accessoires**	8. Micro-consoles de base et intelligente 9. Coupleurs réseaux embrochables, kits de montage de la micro-console, module d'extension de sorties relais et module retour codeur 10. Selfs moteur 11. Unités de freinage complètes et hacheurs de freinage 12. Boîtier FlashDrop pour configurer rapidement (2 sec) le variateur sans alimentation électrique

3. Calcul du coût d'investissement et de la période de rentabilité :

Selon ABB, le prix d'achat d'un variateur électronique de vitesse BT est de 1000 DH/KW

Equipement	Energie économisée (kWh)	Gain économique (DH)	Réduction des émissions CO_2 (tonne)	Coût d'investissement (DH)	Période de rentabilité (an)
Système de pompage régulation par VEV	338 647,04	338 647,04	331,2	480 000	1,42
mise en place d'un VEV (compresseur d'air)	14976	14976	14,646528	90000	6,00961538
Total :	362602,5478	362602,5478	1075,187969	570 000	7,42961538

Tableau 29 : Calcul du coût d'investissement et de la période de rentabilité

III. Choix du Calorifugeage et calcul du coût d'investissement et de la période de rentabilité :

Les devis de la mise en place d'un mettre de calorifugeage nous a conduit aux résultats suivant :

Diamètre du tube (mm)	Prix unitaire du mètre (DH)	Longueur du tube (m)	Coût d'investissement (DH)
400	1000	3	3000
250	625	0.2	125
200	500	2.82	1410
150	375	2.55	956,25
110	275	1.61	442,75
		Total :	5934 DH
		Gain annuel :	8979.51 DH
		Période de rentabilité :	0.66 an

Tableau 30: Calcul du coût d'investissement et de la période de rentabilité

IV. Choix des moteurs à haut rendement et calcul du coût d'investissement :

- **Avantages apportés par le remplacement des moteurs standard par des moteurs à haut rendement :**

   - Rentabilité d'autant meilleure que l'usage est intensif (forte puissance, longue utilisation) ;
   - Économie d'énergie immédiates par une réduction des pertes énergétiques jusqu'à 40% par rapport à un moteur classé ;
   - Longévité accrue du moteur par l'utilisation de matériaux de meilleure qualité ;
   - Réduction du bruit (matériaux de meilleure qualité) ;
   - Échange compatible avec les moteurs standards (Dimensions mécaniques) ;
   - Réduction des émissions de CO_2. La figure suivante présente les rendements des moteurs exigés par la norme **CEI 60034**.

kW	IE-1 rendement niveau "STANDARD"			IE-2 rendement niveau "HAUT"			IE-3 rendement niveau "PREMUM"		
	2 pôles	4 pôles	6 pôles	2 pôles	4 pôles	6 pôles	2 pôles	4 pôles	6 pôles
0,75	72,1	72,1	70,0	77,4	79,6	75,9	80,7	82,5	78,9
1,1	75,0	75,0	72,9	79,6	81,4	78,1	82,7	84,1	81,0
1,5	77,2	77,2	75,2	81,3	82,8	79,8	84,2	85,3	82,5
2,2	79,7	79,7	77,7	83,2	84,3	81,8	85,9	86,7	84,3
3	81,5	81,5	79,7	84,6	85,5	83,3	87,1	87,7	85,6
4	83,1	83,1	81,4	85,8	86,6	84,6	88,1	88,6	86,8
5,5	84,7	84,7	83,1	87,0	87,7	86,0	89,2	89,6	88,0
7,5	86,0	86,0	84,7	88,1	88,7	87,2	90,1	90,4	89,1
11	87,6	87,6	86,4	89,4	89,8	88,7	91,2	91,4	90,3
15	88,7	88,7	87,7	90,3	90,6	89,7	91,9	92,1	91,2
18,5	89,3	89,3	88,6	90,9	91,2	90,4	92,4	92,6	91,7
22	89,9	89,9	89,2	91,3	91,6	90,9	92,7	93,0	92,2
30	90,7	90,7	90,2	92,0	92,3	91,7	93,3	93,6	92,9
37	91,2	91,2	90,8	92,5	92,7	92,2	93,7	93,9	93,3
45	91,7	91,7	91,4	92,9	93,1	92,7	94,0	94,2	93,7
55	92,1	92,1	91,9	93,2	93,5	93,1	94,3	94,6	94,1
75	92,7	92,7	92,6	93,8	94,0	93,7	94,7	95,0	94,6
90	93,0	93,0	92,9	94,1	94,2	94,0	95,0	95,2	94,9
110	93,3	93,3	93,3	94,3	94,5	94,3	95,2	95,4	95,1
132	93,5	93,5	93,5	94,6	94,7	94,6	95,4	95,6	95,4
160	93,8	93,8	93,8	94,8	94,9	94,8	95,6	95,8	95,6
200 à 375	94,0	94,0	94,0	95,0	95,1	95,0	95,8	96,0	95,8

Tableau 31: Rendement des moteurs exigés par la nome CEI 60034

La classe des moteurs choisis est IE2 selon la norme **CEI 60034**, Le tableau suivant résume le calcul du coût d'investissement et de la période de la rentabilité.

Désignation	Eéco (KWh)	Gain (DH)	Coût d'investissement (DH)	Période de rentabilité (an)	Réduction des émissions CO_2 (tonne)
GRILLE N°1	950,4	950,4	1140.48	0,34	0,92
GRILLE N°2	950,4	950,4	1140.48	0,34	0,92
GRILLE N°3	950,4	950,4	1140.48	0,34	0,92
CLASSIFICATEUR	12333,6	12333,6	18560	0,66	12,06
PONT	8013,6	8013,6	11313	0,7	7,83
POMPE A BOUT (BRUKNER)	8013,6	8013,6	11313	0,7	7,83
ASPIRATEUR DE LA MOUSSE	1537,92	1537,92	5768.6	0,26	1,5
COLLECTEUR DE LA MOUSSE	162	162	1763.76	0,09	0,15
COLLECTEUR DE LA MOUSSE	162	162	1763.76	0,09	0,15
VIS DE LA MOUSSE	237,6	237,6	2416,8	0,09	0,23
POMPE ABATAGE	12333,6	12333,6	18560	0,66	12,06
POMPE BAROMETRIQUE N°1	46612,8	46612,8	91178	0,51	45,58
Total :	92257.92	92257.92	17101.52	4.82	90.15

Tableau 32 : Calcul des gains énergétiques, économiques, écologiques et de la période de rentabilité.

Conclusion :

A l'issue des actions à entreprendre et à l'application des recommandations, nous pouvons envisager :

- Un gain économique et énergétique de : ***1161391.52DH***
- Une réduction des émissions CO2 de : ***1165.34 tonnes***

Plans d'action	Energie économisée (kWh)	Gain économique (DH)	Réduction des émissions CO_2 (tonne)	Coût d'investissement (DH)	Période de rentabilité (an)
Ajustement de la contre pression	721396,8	721396,8	705,53	zéro coût d'investissement	-
calorifugeage des conduites (chaudières)	8979,51	8979,51	23,82	5934	0,66
système de pompage régulation par VEV	338647,04	338647,04	331,20	480 000	1,42
substitution des moteurs par des moteurs à haut rendement :	29257,92	29257,92	90,15	171 011	4,83
mise en place d'un VEV (compresseur d'air)	14976,00	14976,00	14,65	90000	6,01
Total :	1113257,27	1113257,27	1165,34	746 945	12,92
Action du la facture d'électricité :					
Redimensionnement de la puissance souscrite	-	41667,00	-	zéro coût d'investissement	-
Redimensionnement de la puissance souscrite avec correction du Cos ϕ	-	48134,25	-	55000,00	1,14
Total :	1113257,27	1161391,52	1165,34	801944,52	14,06

Tableau 33: Récapitulatif des solutions proposées chiffrées.

Conclusion générale :

La mise en œuvre d'un SME consiste à respecter plusieurs normes et à envisager plusieurs actions pour améliorer à la fois l'efficacité énergétique, réduire le coût énergétique et améliorer la performance environnementale. Ces objectifs que l'on vise par la mise en œuvre d'un système de management d'énergie sont les mêmes ciblés par la Norme ISO 50 001 .Le groupe COSUMAR veillant à maintenir sa place dans le marché et sa réputation à l'échelle nationale et mondiale, tient à élaborer cette norme ISO 50 001 parallèlement à la norme 14 001 et 9001.

Dans cette perceptive, nous avons établi un audit énergétique, l'un des premier pas vers une économie d'énergie, ciblant les charges énergivores.

Notre travail a consisté en premier lieu à évaluer, mesurer et analyser la consommation électrique annuelle de l'usine afin d'identifier les charges énergivores.

L'étude réalisée sur la consommation électrique a permis d'optimiser le choix de la puissance souscrite et réaliser une économie annuelle de **41 667 DH** avec un zéro coût d'investissement ou voire une économie de **48 134,25 DH** avec la mise en place des batteries de compensation de l'énérgie réactive avec un retour sur investissement d'environ 12 mois.

Le recensement des moteurs électriques installés , les mesures des puissances appelées par chaque moteur ,et le calcul du taux de charge nous ont permis d'évaluer l'état actuel des moteurs et d'envisager des plans d'urgence et des actions d'amélioration de la maintenance et de la gestion des équipements .Ainsi une substitution des moteurs standard par des moteurs à haut rendement réalisera une économie de **79 257,92 DH** .

Le diagnostic du système de pompage et des compresseurs d'air comprimé nous a permis de ressortir les points de gaspillage, d'où la préconisation de la mise en place d'un VEV pour la régulation de la vitesse suivant le débit exigé, cette solution permet de réaliser des économies annuelles de **362602,5478 DH** avec un retour sur investissement d'environ 7 ans.

Le calorifugeage des conduites (non isolées)de transport de la vapeur et de l'eau chaude au niveau de la chaudière des économies annuelles **8979.51 DH,** avec une retour sur investissement d'environ 7 mois .

Quant aux turboalternateurs, l'ajustement de la valeur de la contre pression de la turbine à vapeur peut réaliser des économies annuelles de **721396.8 DH** avec un zéro coût d'investissement.

En outre de l'impact positif des solutions proposés sur le coût énergétique s'élevant à **1161391.52 DH**, les actions que nous avons envisagées permettront une réduction importantes des émissions CO_2 qui s'élèvent à environ : **1 165,34 tonnes**. Ce qui répond en partie aux exigences tracées par la norme ISO 50 001.

Finalement, la réalisation de ce projet au sein de la SUNABEL MBK fut une occasion pour nous, d'approfondir et de compléter nos connaissances acquises durant nos études et se familiariser à un nouveau domaine « EFFICACITE ENERGETIQUE » qui s'ajoutera comme un plus à nos expériences professionnelles.

Enfin, cette durée de projet effectuée dans une grande entreprise, s'est révélée très bénéfique pour découvrir l'environnement industriel, et connaitre les atouts que doit avoir un ingénieur aussi bien au niveau technique qu'au niveau relationnel.

ANNEXE 1 :

- **Relevé ONE de la consommation de l'année 2013 :**

Mois Cons.	Red.Cons.HPL	Red.Cons.HPL	Montant facture	Puis.Sousc.	Red.dep.puis	Tva	Cosphi	Red.maj. cosphi	Puis.max. appl.HP	Puis.max. appl.HPL	Puis.max. appl.HC	Cons.HP
janv-13	16 241,88		51 529,00	150	2 467,45	6 320,90	0,86	0	177	180	157	11 126
févr-13	16 793,44		54 537,11	150	5 562,23	6 690,32	0,788	1 104,46	119	223	121	9 939
mars-13	20 208,07		59 379,36	150	2 216,53	7 284,98	0,877	0	142	178	143	12 589
avr-13	28 901,76		83 298,39	150	13 257,34	10 222,40	0,999	0	209	467	177	15 218
mai-13	33 545,93		104 882,82	1 000,00	0	12 873,12	0,965	0	518	691	250	17 216
juin-13	1 442,12		36 089,63	1 000,00	0	4 424,84	0,994	0	7	321	7	884
juil-13	18 169,18		76 929,66	1 000,00	0	9 440,28	0,841	0	813	286	294	11 830
août-13	12 532,76		64 574,73	1 000,00	0	7 923,01	0,961	0	97	117	109	8 685
sept-13	14 600,60		41 583,34	150	836,43	5 099,50	0,92	0	112	156	107	9 032
oct-13	13 159,89		40 153,21	150	2 174,71	4 923,87	0,86	0	117	174	88	7 930
nov-13	16 132,41		47 226,14	150	3 512,99	5 792,48	0,872	0	99	204	96	9 036
déc-13	19 738,42		54 141,33	150	2 676,56	6 641,71	0,863	0	135	185	113	10 815
Totaux :		714 324,72	5 200,00	32 704,24	87 637,41	10,8	1 104,46	2 545,00	3 182,00	1 662,00	124 300

ANNEXE 2 :

Détail de calcul de la puissance optimale.

La méthode du calcul : proposer des puissances souscrites, et sommer les redevances de la puissance souscrite proposée et les redevances du dépassement par rapport à chaque puissance maximale appelée. La puissance optimale c'est la puissance qui a le minimum de redevance.

Puissance souscrite optimale pour les huit mois

PA	150	160	170	180	190	200	210	220	230	240	250	260	270	280	290	300	310	320	330	340	350	360
180	1254,6	836,4	418,2	0	0	0	0	0	0	0	0	0	0	0	0	0	0	0	0	0	0	0
223	3052,9	2634,7	2216,5	1798,3	1380,1	961,86	543,66	125,46	0	0	0	0	0	0	0	0	0	0	0	0	0	0
178	1171	752,76	334,56	0	0	0	0	0	0	0	0	0	0	0	0	0	0	0	0	0	0	0
467	13257	12839	12421	12002	11584	11166	10748	10330	9911,3	9493,1	9074,9	8656,7	8238,5	7820,3	7402,1	6983,9	6565,7	6147,5	5729,3	5311,1	4892,9	4474,7
156	250,92	0	0	0	0	0	0	0	0	0	0	0	0	0	0	0	0	0	0	0	0	0
174	1003,7	585,48	167,28	0	0	0	0	0	0	0	0	0	0	0	0	0	0	0	0	0	0	0
204	2258,3	1840,1	1421,9	1003,7	585,48	167,28	0	0	0	0	0	0	0	0	0	0	0	0	0	0	0	0
185	1463,7	1045,5	627,3	209,1	0	0	0	0	0	0	0	0	0	0	0	0	0	0	0	0	0	0
RPS	33456	35686	37917	40147	42378	44608	46838	49069	51299	53530	55760	57990	60221	62451	64682	66912	69142	71373	73603	75834	78064	80294
RDPS	23712	20534	17606	15013	13550	12295	11291	10455	9911,3	9493,1	9074,9	8657	8239	7820,3	7402,1	6983,9	6565,7	6147,5	5729,3	5311,1	4892,9	4474,7
RT	57168	56220	55523	55161	55927	56903	58130	59524	61211	63023	64835	66647	68460	70272	72084	73896	75708	77520	79333	81145	82957	84769

Puissance souscrite optimale pour les quatre mois

PA	100	120	140	160	180	200	220	240	260	280	300	320	340	360	380	400	420	440	460	480	500	520
117	710,94	0	0	0	0	0	0	0	0	0	0	0	0	0	0	0	0	0	0	0	0	0
321	9242,2	8405,8	7569,4	6733	5896,6	5060,2	4223,8	3387,4	2551	1714,6	878,22	41,82	0	0	0	0	0	0	0	0	0	0
691	24716	23879	23043	22206	21370	20534	19697	18861	18024	17188	16352	15515	14679	13842	13006	12170	11333	10497	9660,4	8824	7987,6	7151,2
813	29818	28981	28145	27308	26472	25636	24799	23963	23126	22290	21454	20617	19781	18944	18108	17272	16435	15599	14762	13926	13090	12253
RPS	11152	13382	15613	17843	20074	22304	24534	26765	28995	31226	33456	35686	37917	40147	42378	44608	46838	49069	51299	53530	55760	57990
RDPS	64486	61266	58757	56248	53739	51230	48720	46211	43702	41193	38684	36174	34460	32787	31114	29441	27768	26096	24423	22750	21077	19404
RT	75638	74649	74370	74091	73812	73534	73255	72976	72697	72418	72140	71861	72376	72934	73492	74049	74607	75164	75722	76280	76837	77395

ANNEXE 3 :

Puissance souscrite optimale pour les huit mois avec cosphi=0,96

PA	100	120	140	160	180	200	220	240	260	280	300	320	340	360	380	400	420	440	460	480	500	520
117,6	736,03	0	0	0	0	0	0	0	0	0	0	0	0	0	0	0	0	0	0	0	0	0
332,36	9717,3	8880,9	8044,5	7208,1	6371,7	5535,3	4698,9	3862,5	3026,1	2189,7	1353,3	516,9	0	0	0	0	0	0	0	0	0	0
605,34	21133	20297	19461	18624	17788	16951	16115	15279	14442	13606	12769	11933	11097	10260	9423,7	8587,3	7750,9	6914,5	6078,1	5241,7	4405,3	3568,9
813,84	29853	29016	28180	27344	26507	25671	24834	23998	23162	22325	21489	20652	19816	18980	18143	17307	16470	15634	14798	13961	13125	12288

Puissance souscrite pour les quatre mois avec cosphi=0,96

PA	150	160	170	180	190	200	210	220	230	240	250	260	270	280	290	300	310	320	330	340	350	360
161,25	470,48	52,275	0	0	0	0	0	0	0	0	0	0	0	0	0	0	0	0	0	0	0	0
183,05	1381,9	963,74	545,54	127,34	0	0	0	0	0	0	0	0	0	0	0	0	0	0	0	0	0	0
162,61	527,35	109,15	0	0	0	0	0	0	0	0	0	0	0	0	0	0	0	0	0	0	0	0
485,97	14050	13632	13214	12796	12377	11959	11541	11123	10705	10286	9868,3	9450,1	9031,9	8613,7	8195,5	7777,3	7359,1	6940,9	6522,7	6104,5	5686,3	5268,1
149,5	0	0	0	0	0	0	0	0	0	0	0	0	0	0	0	0	0	0	0	0	0	0
155,88	245,69	0	0	0	0	0	0	0	0	0	0	0	0	0	0	0	0	0	0	0	0	0
185,3	1476,2	1058	639,85	221,65	0	0	0	0	0	0	0	0	0	0	0	0	0	0	0	0	0	0
166,3	681,67	263,47	0	0	0	0	0	0	0	0	0	0	0	0	0	0	0	0	0	0	0	0
RPS	33456	35686	37917	40147	42378	44608	46838	49069	51299	53530	55760	57990	60221	62451	64682	66912	69142	71373	73603	75834	78064	80294
RDPS	18834	16079	14399	13145	12377	11959	11541	11123	10705	10286	9868,3	9450,1	9031,9	8613,7	8195,5	7777,3	7359,1	6940,9	6522,7	6104,5	5686,3	5268,1
RT	52290	51765	52316	53292	54755	56567	58379	60192	62004	63816	65628	67440	69253	71065	72877	74689	76501	78314	80126	81938	83750	85562
RPS	11152	13382	15613	17843	20074	22304	24534	26765	28995	31226	33456	35686	37917	40147	42378	44608	46838	49069	51299	53530	55760	57990
RDPS	61439	58194	55685	53176	50667	48157	45648	43139	40630	38121	35611	33102	30913	29240	27567	25894	24221	22549	20876	19203	17530	15857
RT	72591	71577	71298	71019	70740	70461	70183	69904	69625	69346	69067	68789	68829	69387	69945	70502	71060	71617	72175	72733	73290	73848

- Méthode du calcul des gains : **GAIN= RT**_{ancienne puissance} − **RT**_{nouvelle puissance}
- Les prix : **RDPS** : 501,84 DH/AN par KVA **RPS** : 334,56 DH/AN par KVA

ANNEXE 4 :

- Les Courbes caractéristiques des pompes :

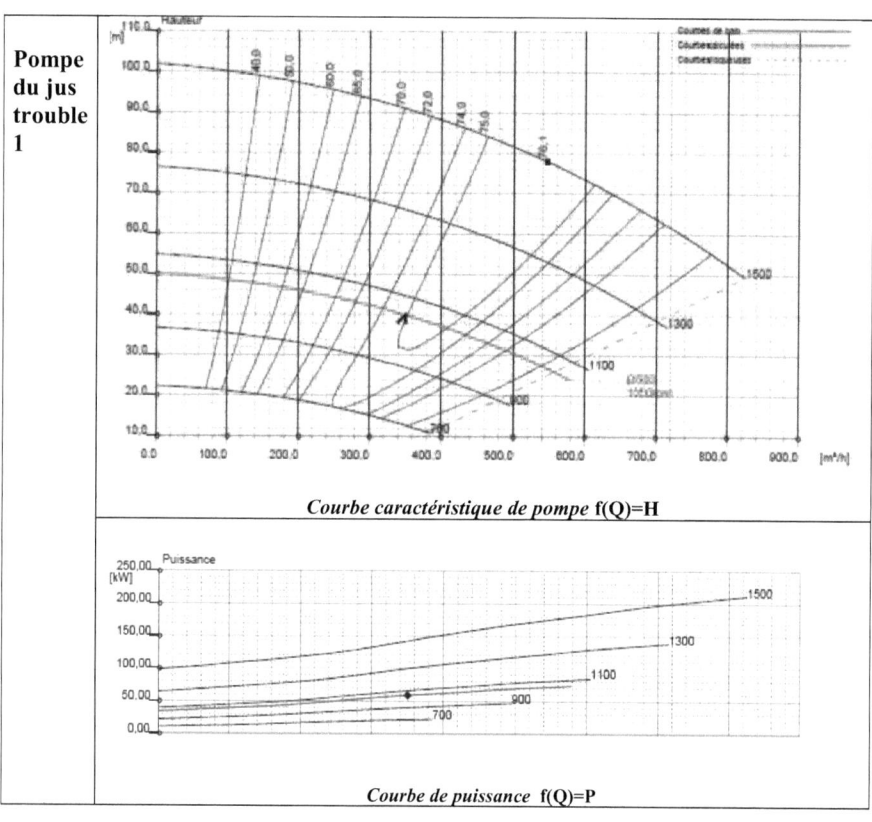

Pompe du jus trouble 1	*Courbe caractéristique de pompe* f(Q)=H
	Courbe de puissance f(Q)=P

Pompe du jus trouble 2

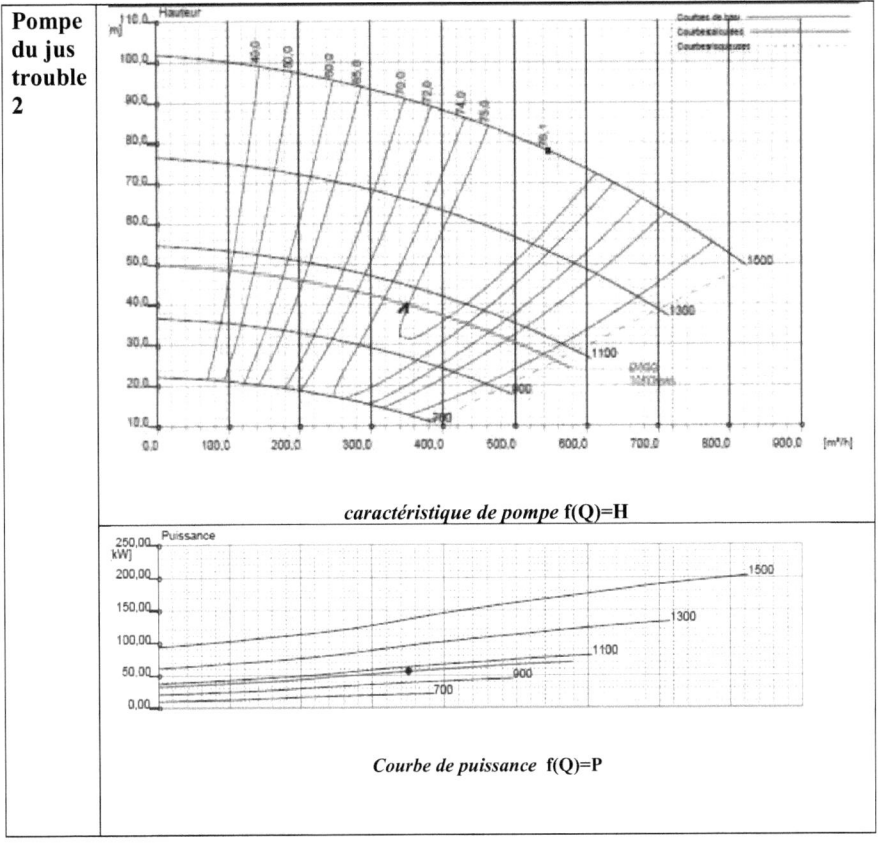

caractéristique de pompe f(Q)=H

Courbe de puissance f(Q)=P

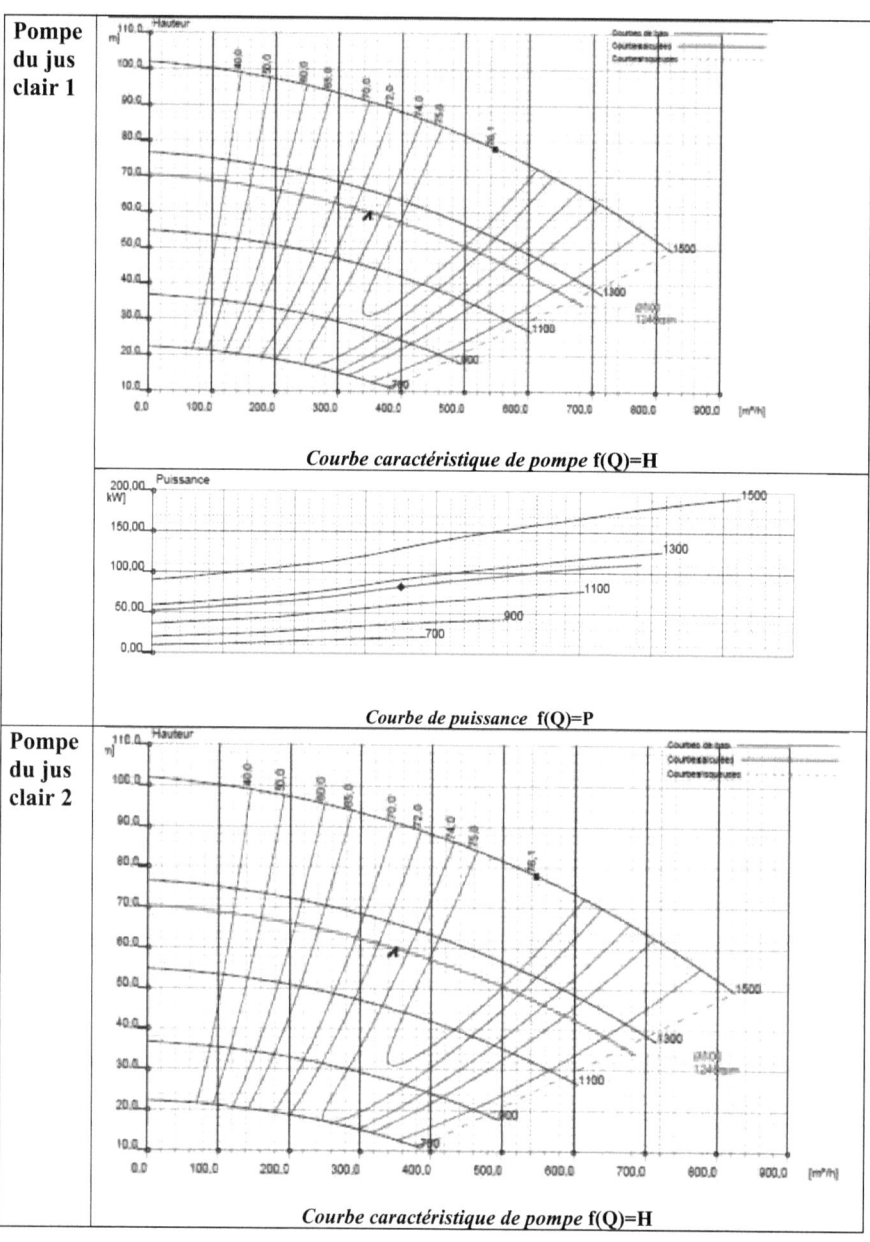

Pompe du jus chaulé	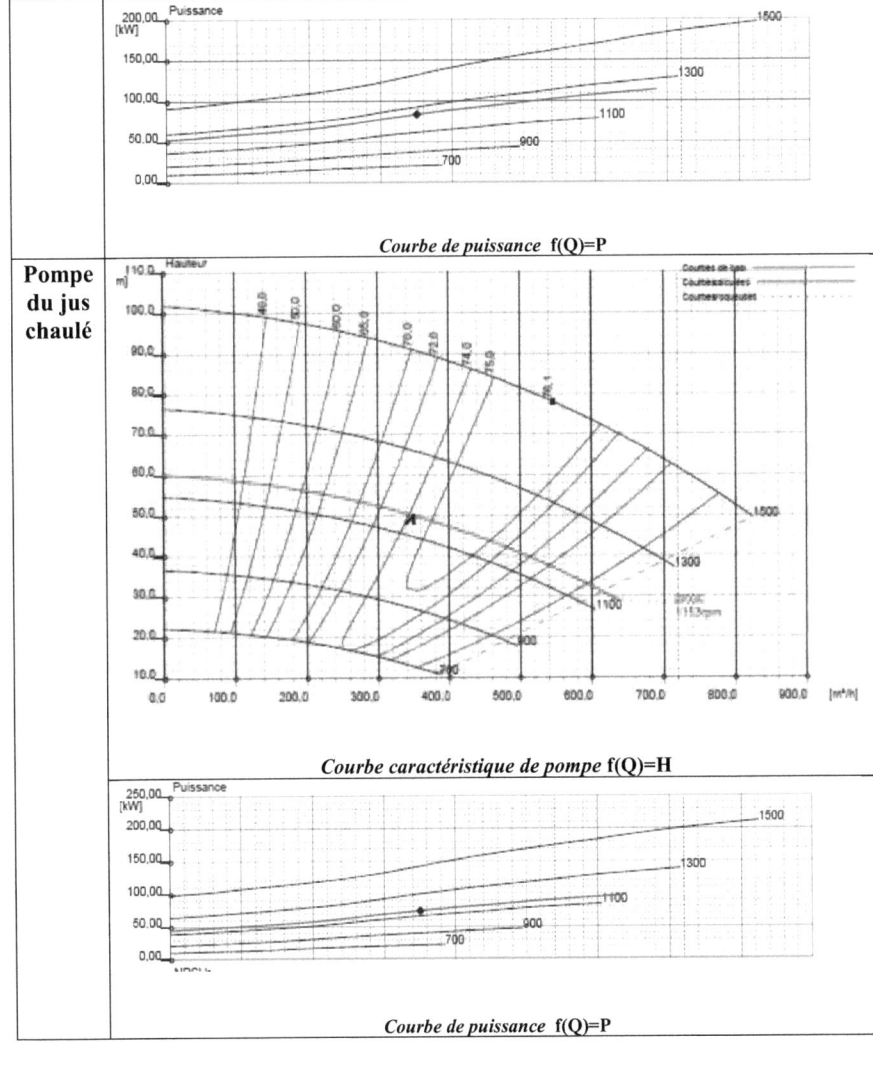
Courbe de puissance f(Q)=P

Courbe caractéristique de pompe f(Q)=H

Courbe de puissance f(Q)=P |

- **Lois de similitude :**

    Les relations entre la hauteur manométrique totale (H), le débit (Q), la puissance (P), la vitesse (N), la densité relative (η) et le diamètre de l'impulseur (D) suivent des règles bien définies, connues sous le nom de lois de similitude. Ces relations ont d'abord été obtenues expérimentalement, mais elles possèdent un fondement théorique. Ces lois stipulent que :
    A diamètre constant :
    $Q1/Q2 = N1/N2$

    $H1/H2 = (N1/N2)^2$

    $P1/P2 = (N1/N2)^3$

    A vitesse constante :
    $Q1/Q2 = D1/D2$

    $H1/H2 = (D1/D2)^2$

    $P1/P2 = (D1/D2)^3 = (\eta1/\eta2)$

Les lois de similitude établissent la relation fonctionnelle entre les variables comme la vitesse, le débit, la pression, la puissance, la densité relative et le diamètre de l'impulseur.
Les représentations graphiques de ces relations fonctionnelles s'appellent les courbes de Similitude. Pour les relations pression-débit ou pression-vitesse, les courbes sont paraboliques et leur sommet est situé à l'origine.

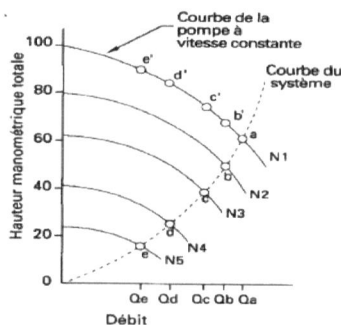

Figure: Courbe de similitude

ANNEXE 5 :

Inventaire des moteurs électriques

TRANSFORMATEUR 3 :

Diffusion :

Désignation	Puissance installées (kW)	cosφ	puissance mesurée (kW)	cosφ mesuré	courant mesuré (A)	taux de charge(%)
Vis DOUBLE M1	37	0,87	15,3	0,62	34	41,3
VIS PULPE SORTIE DIFFUSION	30	0,86	14	0,76	29	46,6
TRANSPORTEUR VRERS PRESSE	15	0,86	7,83	0,6	18,5	52,2
POMPE HP NETTOYAGE TETE	5,5	0,75	0	0	0	0
BRISE MOUSSE N°1	5	0,76	1,2	0,31	6,1	24
BRISE MOUSSE N°2	5	0,76	1,3	0,35	5,7	26
POMPE EGOUTAGE VIS PULPE	4	0,86	1,29	0,53	3,8	32,2
POMPE PREPARATION GYPS	11	0,87	9,34	0,86	17,2	84,9
BANDE A CAUSSETE	22	0,86	5,3	0,59	15,1	24,09
POMPE PREPARATION GYPS RESERVE	22	0,87	0	0	0	0
TOURNIQUET N°5	0,37	0,75	0,3	0,7	0,6	81
TOURNIQUET N°6	0,37	0,75	0	0	0	0
POMPE STOCKAGE/INJECTION GYPS/réserve	30	0,87	24,5	0,8	45,4	81,6
POMPE STOCKAGE/INJECTION GYPS	11	0,87	0	0	0	0
TOURNIQUET N°1	0,37	0,75	0,3	0,7	0,9	81
TOURNIQUET N°2	0,37	0,75	0	0	0	0
TOURNIQUET N°3	0,37	0,75	0	0	0	0
TOURNIQUET N°4	0,37	0,75	0	0	0	0
BANDE DE REJET	18,4	0,87	2,4	0,31	12,1	13
AGITATEUR BAC EAU FRAICHE	2,2	0,86	1,64	0,63	4,2	74,5
AGITATEUR BAC EAU STOCKAGE CYPS DILUE	2,2	0,86	1,4	0,84	2,6	63,6
AGITATEUR BAC PREPARATION GYPS	2,2	0,86	1,28	0,53	3,9	58,1
POMPE EAU DE PRESSE TAMISSEE/N.TAMISSEE RESERVE	55	0,86	0	0	0	0
POMPE EAU DE PRESSE TAMISSEE	55	0,86	36,8	0,8	73	66,9
POMPE EAU DE PRESSES NON TAMISEE	30	0,86	0	0	0	0
POMPE A EAU FRAICHE	18,5	0,86	12,5	0,82	23,4	67,5

Équipement						
POMPE A EAU FRAICHE / RESERVE	22	0,86	10,9	0,82	21	49,5
POMPE DE CIRCULATION EAU FRAICHE	18,5	0,86	4,8	0,81	9,2	25,9
REPULPEUR EAU DES PRESSES	3	0,86	1,2	0	0	40
ALIMENTATION PALAN STATION GYPS	1,5	0,86	0	0	0	0
BANDE SOUS PRESSE N°1:/2/3	5,5	0,86	1,52	0,6	4,75	27,6
POMPE DOSEUSE H2SO4	0,75	0,8	0,5	0,6	1,3	66,6
POMPE DOSEUSE H2SO4 RESERVE	0,75	0,8	0	0	0	0
POMPE EAUX CONDENSEES	3	0,86	2	0,79	2,4	66,6
POMPE EAUX CONDENSEES /RESERVE	3	0,86	0	0	0	0
VIS DOUBLE M2	37	0,86	4,8	0,3	24,9	12,9
POMPE EAU DE /PRESSE N°2	30	0,86	27	0,84	51	90
VIBREUR GYPSE	0,5	0,8	0,3	0,7	0,65	60
VIS PULPE VERS VIS DOUBLE	37	0,82	6,25	0,36	27,6	16,8
POMPE EAU DE PRESSE N°1	30	0,86	27,5	0,8	65,8	91,6
TRANSPORTEUR ELEVATEUR	30	0,84	8,9	0,51	25,5	29,6
BANDE SOUS PRESSE MERCIER	7,5	0,86	1,84	0,58	6,5	24,5
POMPE SOUTIRAGE N°1	75	0,87	0	0	0	0
POMPE SOUTIRAGE N°2	75	0,87	32	0,73	67	42,6
POMPE JUS DE CIRCULATION N°1	55	0,86	23	0,64	54	41,8
POMPE JUS DE CIRCULATION N°2/RESERVE	55	0,86	0	0	0	0
POMPE A COSSETTES N°1	55	0,86	38,2	0,82	78	69,4
POMPE A CAUSSETTES N°2/réserve	55	0,86	0	0	0	0
MOTEUR DIFFUSION	110	0,89	61	0,85	93,5	55,4
MOTEUR DIFFUSION	110	0,89	63	0,85	95	57,2
VENTILATION FORCEE DES MOTEURS DIFFUSION	0,75	0,8	0,7	0,52	1,2	93
VENTILLATION FORCEE DES MOTEURS DIFFUSION	0,75	0,8	0,7	0,6	1,23	93,3
VIS TRANSPORT GYPS	1,5	0,83	0,55	0,56	1,5	36
MOTEUR MALAXEUR	60	0,87	19,8	0,8	29	33
POMPE GRAISSAGE MALAXEUR	0,75	0,8	0,7	0,84	1	93,3
SEPARATEUR	7,5	0,86	0	0	0	0
MOTEUR COUPE RACINE	160	0,86	84	0,86	187	52,5
MOTEUR COUPE RACINE	55	0,86	0	0	0	0
VENTILATION MOTEUR COUPE RACINE	0,55	0,86	0,54	0,83	0,92	98,8
VENTILATION MOTEUR COUPE RACINE	0,55	0,86	0	0	0	0
ECLUSE OSCILLATTEUR	0,75	0,86	0,6	0,83	1,09	80

DESIGNATION	puissance installée (Kw)	cosphi	puissance mesurée	cosphi mesuré	courant mesurée	taux de charge
ECLUSE OSCILLATTEUR	0,75	0,86	0,54	0,8	1	72
ECLUSE OSCILLATTEUR	0,75	0,86	0,46	0,79	0,88	61,3
ECLUSE OSCILLATTEUR	0,75	0,86	0,53	0,8	1	70,6
AGITATEUR BAC STOCKAGE GYPS DILUE	2,2	0,86	1,28	0,53	3,9	58,1
BANDE A COSSETTE	22	0,86	9,11	0,7	21	41,1
COMPRESSEUR	75	0,86	51	0,84	94,4	68
POMPE JUS EMOUSSEE	55	0.86	22	0.8	36	40
POMPE JUS EMOUSSEE/RESERVE	55	0.86	0	0	0	0

Silo betterave déverseur

DESIGNATION	puissance installée (Kw)	cosphi	puissance mesurée	cosphi mesuré	courant mesurée	taux de charge
MOTEUR CHARIOT	2,2	0,86	2	0,77	3,9	4,4
MOTEUR CHARIOT	2,2	0,86	1,8	0,7	3,9	4,4
MOTEUR CONVOYEUR	37	0,87	28,5	0,85	52,6	74
TOMBOUR BANDE	11	0,83	7,8	0,75	3,54	22
CABLE TOMBOUR	2,2	0,86	1,1	0,7	1	4,4
BANDE A REJET POUSSIERE	4	0,87	1,5	0,6	3,8	8
MOTEUR DIVERSEUR	4	0,86	3,5	0,82	4	8
LEVER /BAISSER LA FLECHE	2,2	0,86	1,8	0,84	2,3	4,4
VENTILLATION	11	0,86	0	0	0	22
VENTILLATION	11	0,86	0	0	0	22
VENTILLATION	11	0,86	0	0	0	22
VENTILLATION	11	0,86	0	0	0	22
BANDE D'ALMENATATION /PS	7,5	0,86	3,25	0,77	6,3	15
RUBAN A PLAQUE	18,5	0,86	9,5	0,82	18,5	37
RUBAN A PLAQUE	18,5	0,86	12,5	0,78	22,7	37

Culbuteur (pompes hydrauliques) :

DESIGNATION	puissance installée (Kw)	cosphi	puissance mesurée	cosphi mesuré	courant mesurée	taux de charge
POMPE HYDRAULIQUE 1	45	0,88	23,4	0,79	47	52
POMPE HYDRAULIQUE 2	45	0,88	37,4	0,82	70	83,1
POMPE HYDRAULIQUE 3	45	0,88	38,7	0,85	71	86
POMPE HYDRAULIQUE 4	45	0,88	39,4	0,83	73	87,5
POMPE A HUILE	4	0,86	1,62	0,6	4,2	40,5
POMPE A HUILE	4	0,86	1,8	0,6	4	45
POMPE A HUILE	2,2	0,86	1,6	0,8	3,5	72,72
POMPE A HUILE	2,2	0,86	1,2	0,7	2,7	54,5
VENTILLATION RADIATEUR	0,75	0,86	0,72	0,8	1,44	96

D'HUILE						
VENTILLATION RADIATEUR D'HUILE	0,75	0,86	0,71	0,8	1,4	94
VENTILLATION RADIATEUR D'HUILE	0,75	0,86	0,7	0,8	1,32	93
VENTILLATION RADIATEUR D'HUILE	0,75	0,86	0,73	0,8	1,39	96

Pompage des égouts :

DESIGNATION	Puissance installées (kW)	cosφ	puissance mesurée (kW)	cosφ mesuré	courant mesuré (A)	taux de charge(%)
POMPE DES EGOUTS	75	0,89	34,1	0,73	75,3	45,46
POMPE DES EGOUTS	75	0,89	0	0	0	0
POMPE DES EGOUTS	75	0,89	0	0	0	0
POMPE DES EGOUTS	75	0,89	0	0	0	0
POMPE	4	0,84	0,2	0,7	0,43	5

TRANSFORMATEUR 4 :

Chaudière à bagasse :

Désignation	Puissance installées (kw)	Cosφ	Puissance mesurée (kw)	Cosφ mesuré	Courant mesuré (a)	Taux de charge (%)
Alimentateur a bagasse n°1	3	0,85	0,9	0,5	2,67	30
Alimentateur a bagasse n°2	3	0,85	1,21	0,56	3,21	40,3
Alimentateur a bagasse n°3	3	0,85	1,08	0,5	3,23	36
Alimentateur a bagasse n°4	3	0,86	0,67	0,86	1,16	22,3
Livreur bagasse	11	0,86	7,4	0,71	15,6	67,2
Bande horizontal bagasse	11	0,86	6,8	0,68	14,89	61,8
Bande de retour bagasse horizontale	18,5	0,86	10,3	0,7	21,9	55,6
Table bagasse	1,5	0,68	0,8	0,8	1,49	53,3
Ventilateur tirage bagasse	250	0,83	142	0,78	270	56,8
Ventilateur bagasse	90	0,86	55	0,8	102,3	61,1
Transporteur élévateur a bande	18,2	0,89	14,3	0,7	30,4	78,5
Transporteur distributeur	37	0,86	5,6	0,7	12	15,1
Transporteur de mise en stock/ retour	18,5	0,86	11,23	0,8	20,89	60,7
Transporteur de reprise bagasse	15	0,83	9,2	0,73	18,76	61,3
Ventilateur distribution	9,2	0,93	6,2	0,95	9,71	67
Ventilateur turbulence	18,5	0,91	12,5	0,88	21,13	67,5
Ventilateur air secondaire n°1	9,2	0,93	5,4	0,86	9,34	58,6
Ventilateur air secondaire n°2 réserve	9,2	0,93	4,3	0,95	6,73	46,7
Ventilateur foyer (distribution)	18,5	0,91	8,46	0,76	16,56	45,7
Pompe d'eau alimentation Bach alimentaire	15	0,86	0	0	0	0

Reserve alimentation Bach alimentaire	11	0,86	0	0	0	0
Pompe d'eau alimentation Bach évaporation	15	0,86	0	0	0	0

Chaudière à charbon :

Désignation	Puissance installées (kW)	Cosφ	Puissance mesurée (kW)	Cosφ mesuré	Courant mesuré (a)	Taux de charge(%)
Pompe à eau brut n°1	11	0,9	7,5	0,7	15,94	68,1
Pompe à eau brut n°2 réserve	11	0,9	9	0,75	17,85	81,8
Pompe à remplissage (impulsion)	11	0,86	5,8	0,86	10	52,7
Pompe à réserve (impulsion)	11	0,86	6,7	0,86	11,6	60,9
Souffleur de suie ch1	0,3	0,86	0,2	0,84	0,35	66,6
Souffleur de suie ch2	0,3	0,86	0,23	0,84	0,4	76,6
Souffleur de suie ch3	0,3	0,86	0,24	0,84	0,42	80
Distributeur de charbon n°1	1,5	0,86	1,2	0,87	2,06	80
Distributeur de charbon n°2	1,5	0,86	1,25	0,87	2,13	83,3
Distributeur de charbon n°3	1,5	0,86	1,3	0,84	2,3	86,6
Eau de lavage	3	0,89	1,4	0,85	2,45	46,6
Pompe doseuse	0,12	0,8	0,1	0,43	0,34	83,3
Pompe d'alimentation chaudière	240	0,92	0	0	0	0
Grille n°1	2,2	0,87	1,3	0,84	2,3	59,09
Grille n°2	2,2	0,87	1,5	0,84	2,65	68,1
Grille n°3	2,2	0,87	1,2	0,87	2,05	54,4
Ventilateur air primaire n°1	45	0,81	34,3	0,71	71,89	76,2
Ventilateur air primaire n°2	45	0,81	34,5	0,72	71,3	76,6
Ventilateur air primaire n°3	45	0,81	25,3	0,64	58,8	56,2
Agitateur	0,75	0,7	0,51	0,5	1,51	68
Moteur bande oblique charbon	9,19	0,76	5,8	0,62	13,92	63,1
Bande réversible 2xmoteur	9	0,86	4	0,72	8,26	44,4
Bande horizontale vers sécherie	4,41	0,76	3	0,64	6,97	68
Bande oblique sécheur	12,5	0,76	8,3	0,61	20,24	66,4
Ventilateur tirage chaudière n°1	110	0,88	31	0,78	59,14	28,1
Ventilation moteur n°1	2,2	0,86	2,01	0,86	3,47	91,3
Ventilateur tirage chaudière n°2	110	0,88	34	0,74	68,4	30,9
Ventilation moteur n°2	2,2	0,86	2	0,85	3,5	90
Ventilateur tirage chaudière n°3	110	0,88	31,4	0,77	60,69	28,5
Ventilation moteur n°3	2,2	0,86	1,99	0,81	3,65	90

Four à chaux :

Désignation	Puissance installées (kW)	Cosφ	Puissance mesurée (kW)	Cos mesuré	Courant mesuré (a)	Taux de charge(%)
Séparateur de sable n°1	1,1	0,71	0,44	0,5	1,3	40

Séparateur de sable n°2	1,1	0,71	0,4	0,47	1,26	36,3
Séparateur de sable n°3	1,1	0,71	0,42	0,4	1,56	38,1
Séparateur de sable n°4	1,1	0,71	0,36	0,41	1,3	32,7
Bande de rejet pierre	3	0,86	0	0	0	0
Pompe pour fosse n°1	22	0,87	0	0	0	0
Pompe pour fosse n°2/ réserve	22	0,88	0	0	0	0
Tambour d'extinction	21,5	0,86	4,35	0,65	9,95	20,2
Agitateur lait de chaux n°1	11	0,82	7,2	0,78	13,73	65,4
Agitateur lait de chaux n°2	7,5	0,82	0	0	0	0
Agitateur lait de chaux n°3	11	0,82	5,74	0,69	12,37	52,1
Agitateur lait de chaux n°4	11	0,82	0	0	0	0
Pompe lait boue n°3 fa	11	0,86	0	0	0	0
Pompe lait boue n°4 fa /réserve	11	0,86		0	0	0
Pompe laveur gaz n°1	15	0,86	5,4	0,56	14,34	36
Pompe lait boue n° 1class	4	0,86	3,2	0,75	6,4	80
Pompe lait boue n°2 class/réserve	4	0,86	0	0	0	0
Classificateur	3.67	0,86	3,15	0,66	7,2	0,85
Elévateur à godets	14,2	0,86	9,3	0,8	17,3	65,4
Ventilateur a gaz f,c	18,5	0,85	13,1	0,92	21,19	70,8
Pompe à huile	2,2	0,85	0,78	0,55	2,11	35,4
Goulotte a secousse	0,885	0,86	0,46	0,92	0,75	51,9
Goulotte de distribution	0,3	0,86	0,28	0,49	0,85	93,3
Vibreur silo	0,61	0,75	0,3	0,5	0,9	49,1
Machine élévatrice	22	0,86	10,3	0,95	16,13	46,8
Goulotte anthracite	0,61	0,75	0,53	0,64	1,23	86,8
Trémie de charge	1,05	0,8	0,8	0,78	1,52	76,9
Disque tournant	4	0,84	1,6	0,4	5,95	40
Bande de rejet n°2	7,5	0,86	3,6	0,6	8,92	48
Goulotte pierre m1 m2	1,77	0,86	0,77	0,37	3,1	43,5
Goulotte de soutirassions n°1	0,8	0,87	0,63	0,72	1,3	78,75
Goulotte de soutirassions n°2	0,8	0,87	0,71	0,77	1,37	88,75
Goulotte de soutirassions n°3	0,8	0,87	0,68	0,7	1,44	85
Goulotte pierre a chaux m1	0,61	0,86	0,5	0,8	0,93	81,9
Goulotte pierre a chaux m2	0,61	0,86	0,56	0,78	1,06	91,8
Pompe à gaz co2 n°1	180	0,9	145	0,83	259,96	80,5
Pompe à gaz co2 n°2	200	0,86	150	0,84	265,72	75
Pompe à gaz co2 n°3	200	0,84	140	0,89	234,08	70
Pompe à gaz co2 n°4	160	0,87	146	0,87	249,72	91,2
Pompe a gaz co2 n°5 / réserve	160	0,82	148	0,88	250,27	92,5

TRANSFORMATEUR 5 : Epuration / évaporation

Désignation	Puissance installée (kW)	Cos	Courant (a)	Puissance mesurée (kW)	Cos mesuré	Courant mesuré(a)	Taux de charge %
Pompe jus trouble 2	75	0,86	150	44,1	0,77	81	58,8
Jus trouble 1 2	75	0,86	150	51,5	0,8	94	68,6
Jus trouble 1	75	0,86	150	0	0	0	0
Pompe à jus clair N°2	110	0,86	150	87,9	0,83	157	79,9
Pompe bac à boue filtre rotatif N°1	22	0,86	44	66,7	0,86	120	303,18182
Pompe bac à boue filtre rotatif N°2	22	0,86	44	4,07	0,48	12,6	18,5
Pompe jus pré-chaulé N°1	90	0,86	180	75	0,78	139	83,3
Presse N°4	55	0,86	110	17	0,85	30	30,9
Presse N°5	55	0,86	110	15	0,76	30	27,2
Presse N°3	55	0,86	110	10	0,76	20	18,1
Malaxeur 1 réfrigèrent 3eme jet	11	0,86	22	3,1	0,42	12	28,1
Malaxeur 2 réfrigèrent 3eme jet	11	0,86	22	3,1	0,42	12	28,8
Malaxeur 3 réfrigèrent 3eme jet	11	0,86	22	3,5	0,45	10	31,8
Malaxeur 4 réfrigèrent 3eme jet	11	0,86	22	2	0,42	6,8	18,1
Malaxeur 5 réfrigèrent 3eme jet	11	0,86	22	3,8	0,61	10	34,5
Malaxeur 6 réfrigèrent 3eme jet	11	0,86	22	5,4	0,92	8	49
Malaxeur 7 réfrigèrent 3eme jet	11	0,86	22	4,6	0,81	8	41,8
Agitateur niveau	55	0,86	110	12,9	0,46	39	23,4
Pompe jus chaulé	110	0,86	220	59	0,84	89	53,6
Agitateur trouble 1 jus trouble 1	15	0,86	30	4,2	0,83	7	28
Pré-chaulage 1	15	0,86	30	10	0,7	21	66,6
Agitateur chauleur	11	0,86	22	1,6	0,4	8	14,5
Agitateur jus chaulé	15	0,86	30	6	0,86	10	40
Agitateur pré-chauleur	37	0,86	74	6,6	0,9	11	17,8
Pompe vers PKF 1	75	0,86	60	0	0	0	0
Pompe vers PKF 2	75	0,86	60	60,1	0,87	102	80
Pompe de concentration	37	0,86	74	30	0,79	56	81
Pompe acide	5,5	0,86	11	0	0	0	0
Pompe vers pré-chauleur 1	55	0,86	110	9,6	0,81	18,2	17,4
Pompe vers pré-chauleur 2	55	0,86	110	0	0	0	0

TRANSFORMATEUR 6 : La Cristallisation

Désignation	Puissance installées	Cosφ	Puissance mesurée	Cosφ mesuré	Courant mesuré	Taux de charge(%)

	(kw)		(kw)		(a)	
Pompe refondoire (moret) 1	30	0,86	21,7	0,87	32,7	72,3
Pompe refondoire (moret) 2	30	0,86	0	0	0	0
Pompe refondoire (moret) 3	30	0,86	15,3	0,83	31,2	51
Agitateur refondoire 2éme jet N°1	30	0,86	0	0	0	0
Agitateur refondoire 2éme jet N°2	18,5	0,86	9,94	0,85	17,7	53,7
Pompe LS1 (moret) 1	30	0,84	21,5	0,86	37,7	71
Pompe LS1 (moret) 2/réserve	30	0,84	0	0	0	0
Transporteur 1 sucre blanc 1er (kreiss) M1.1	2,7	0,86	1,5	0,48	4,4	55,5
Transporteur 1 sucre blanc 1er (kreiss) M1.2	2,7	0,86	1,5	0,45	4,8	55,5
Transporteur 1 sucre blanc 1er (kreiss) M2.1	2,7	0,86	1,5	0,47	4,5	55,5
Transporteur 1 sucre blanc 1er (kreiss) M2.2	2,7	0,86	1,5	0,46	4,6	55,5
Bande 1 sucre blanc 1er jet	5,5	0,86	4,36	0,74	9,72	79.2
Bande 2 sucre blanc 1er jet	5,5	0,86	2,72	0,6	6,94	49.4
Bande 4 sucre blanc 1er jet	5,5	0,86	4,12	0,6	10,3	74,9
Sécheur de sucre	45	0,85	25,1	0,84	43,5	55,7
Refroidisseur (ventilateur) pour sécheur	132	0,88	67,3	0,73	138	51
Pompe refondoire grue gout 1er jet	7,5	0,86	5,21	0,77	10,8	69,46
Pompe bac du fines 1er jet	22	0,86	0	0	0	0
Pompe ballon des condensats 1er jet	11	0,86	2,98	0,41	8,9	27
Pompe égout riche 1er jet	7,5	0,83	4,23	0,76	8,3	56,4
Pompe égout pauvre 1er jet	7,5	0,83	5,06	0,6	5,06	67
Pompe réserve égout riche/pauvre	18,5	0,86	1,76	0,53	4,9	9,5
Pompe malaxeur PDC 1er jet vers CC	11	0,86	4,23	0,88	11,9	38,4
Pompe extraction CC 1er jet vers Mxr	30	0,86	7,2	0,55	19,2	24
Pompe malaxeur CC 1er jet vers ragot 1er jet	30	0,86	12,9	0,64	26,1	43
Pompe bac lavage CC 1er N°1	45	0,87	32	0,78	51.8	71.1
Vidange pompe lavage petite	5,5	0,86	2.3	0.8	3	41.8
Turbine discontinue 1er jet N°1	230	0,87	137	0,8	211	59,5
Turbine discontinue 1er jet N°2	200	0,89	148	0,85	241	74
Turbine discontinue 1er jet N°3	200	0,89	150	0.84	245	75
Turbine discontinue 1er jet N°4	200	0,89	132	0.82	203	66
Malaxeur 1er jet	11	0,86	4,93	0,76	10	44,8
Ragot 1er jet	7,5	0,86	1,83	0,5	5,65	24,4
Malaxeur PDC 1er jet	11	0,86	1,17	0,4	6,96	10,6
Vis sucre 2eme jet	7,5	0,86	2	0,55	5,7	26,6
Pompe égout 2_1	7,5	0.86	3,13	0,51	9,1	41.7
Pompe sortie tour Baltimore N°1	37	0,86	25	0.7	0	67.5
Pompe ballon de condensat sécheur	5,5	0,86	1.6	0.6	3.2	29
Pompe ballon du condensat 2 eme jet	11	0,86	7.5	0.73	12	67.1
Pompe de clairçage des turbines	5,5	0,89	0	0	0	0

N1						
Pompe de clairçage des turbine N2 / réserve	11	0,86	10,5	0,85	18,5	75
Pompe condensat CC2	11	0,86	6.8	0.68	10.3	61.8
Pompe LS2	15	0,86	8.9	0.7	14.6	59.3
Pompe LS2 / réserve	15	0,86	0	0	0	0
Ecluse	5.5	0,86	1,31	0,78	2,41	23
Vis vers sécheur	7.5	0,86	2,72	0,6	6,94	36.2
Ragot affinage	7,5	0,86	1,51	0,64	3,36	20.1
Ventilateur extracteur	7.5	0,86	2,83	0,63	6,1	37.7
Pompe égout 2 droit LS2	7,5	0,86	4.43	0.64	9,8	59
Pompe égout 2 gauche LS2	7,5	0,86	0	0	0	0

Désignation	Puissance installées (kw)	Cosφ	Puissance mesurée (kw)	Cosφ mesuré	Courant mesuré (a)	Taux de charge(%)
Empâteur vers égouts pauvre	5,5	0,87	3,2	0,71	5,2	58.1
Pompe réserve égouts 2 / affinage	7,5	0,86	0	0	0	0
Pompe malaxeur PDC 2eme jet vers CC2 (F150)	7,5	0,86	4,45	0,85	9,4	59,3
Pompe d'extraction CC 2eme jet vers Mxr 2eme jet	11	0,81	5,21	0,68	11,9	47,3
Pompe bac lavage CC 2eme jet	18,5	0,86	12.8	0.73	24.3	69.1
Malaxeur 2eme jet M1	7,5	0,86	4,1	0,84	7	54,6
Malaxeur 2eme jet M2	7,5	0,86	4,15	0,84	9,1	55,3
Ragot 1er jet	7,5	0,87	2	0,56	5,3	26
Ragot 2eme jet	5,5	0,86	1,65	0,45	4,5	30
Ragot 3eme jet	7,5	0,86	1,55	0,46	4,2	20,6
Malaxeur PDC 2eme jet (ancien malaxeur N°0)	12,5	0,86	0	0	0	0
Empâteur	11	0,86	4,74	0,74	9,7	43
Pompe empâteur vers turbine affinage	5,5	0,86	4,08	0,79	7,4	74,1
Turbine continue 2eme jet N°1	90	0,86	7,8	0,23	43,5	8,6
Turbine continue 2eme jet N°2	90	0,86	38,3	0,78	38,3	42,5
Turbine continue 2eme jet N°3	90	0,86	18	0,52	48,5	20
Malaxeur vertical 3eme jet N°1 (agitateur)	11	0,86	1,65	0,66	3,1	15
Malaxeur vertical 3eme jet N°2 (agitateur)	11	0,86	0,57	0,2	4,4	5,1
Pompe MC malaxeur N°7 vers Mxr 3eme jet	11	0,84	7,92	0,92	16,7	72
Pompe MC malaxeur vertical vers ragot 3eme jet	11	0,84	2,1	0,4	7,87	19
Vis à sucre 3eme jet vers refondoire	7,5	0,86	1,6	0,74	4,9	21,3
Vis à sucre 3eme jet	7,5	0,86	1,7	0,5	4,9	22
Vis à sucre 3eme jet à 2 sens : empâteur/refonte	7,5	0,86	3,28	0,71	5,2	43,7
Turbine continue 3eme jet N°1	90	0,86	43,5	0,79	80	48,3
Turbine continue 3eme jet N°2	90	0,86	40,1	0,76	80,8	44,5
Turbine continue 3eme jet N°3	90	0,89	17,5	0,5	52,9	19,4
Turbine continue 3eme jet N°4	90	0,89	18,2	0,54	56,5	20,2

Désignation	Puissance installées (kW)	Cosφ	Puissance mesurée (kW)	Cosφ mesuré	Courant mesuré (A)	Taux de charge(%)
Turbine affinage	90	0,86	16,7	0,44	55,6	18,5
Pompe a mélasse 1	7,5	0,86	0,74	0,75	1,4	9,8
Pompe a mélasse 2 / réserve	7,5	0,86	5,5	0,64	11	73,3
Pompe a mélasse 3	18,5	0,86	3,71	0,63	7,47	20
Pompe à vide N°1 / réserve	132	0,86	0	0	0	0
Pompe à vide N°2 / réserve	132	0,84	0	0	0	0
Pompe à vide N°3 / réserve	110	0,86	0	0	0	0
Pompe à vide N°4 / réserve	132	0,86	0	0	0	0
Pompe à vide N°5	250	0,87	243	0,85	417	97
Pompe à eau barométrique N°1	132	0,86	127	0,84	226	96,21
Pompe à eau barométrique N°2 / réserve	132	0,86	0	0	0	0
Pompe à eau chaude N°1	22	0,89	17,4	0,86	30,2	79
Pompe à eau chaude N°2 / réserve	22	0,89	0	0	0	0
Pompe à eau vers lavoir	30	0,86	27,8	0,78	54,6	92,6
Pompe hydraulique cuite N°1	3	0,82	2.3	0.75	4.8	57.5
Pompe hydraulique cuite N°2	3	0,82	2.1	0.63	4.5	52.5
Pompe bac pour malaxeur réfrigérants N°1	4	0,86	3.2	0.76	6.9	80
Pompe bac pour malaxeur réfrigérants N°2	4	0,86	2.9	0.68	6.2	72.5
Pompe bac pour malaxeur réfrigérants N°3	4	0,86	2	0.6	5.9	50
Pompe alimentation tour Baltimore N°1	37	0,86	19.5	0.8	43	52.7
Pompe alimentation tour Baltimore N°2	37	0,86	0	0	0	0
Pompe masse cuite de malaxeur 550HC cuite	18,5	0,86	13.5	0.77	27.6	72.9
Agitateur bac des fines	5,5	0,89	4	0.75	8.3	72.7
Vis à sucre humide N1	7,5	0,85	2,72	0,6	6,94	36,2
Vis à sucre humide N2	7,5	0,85	4,3	0,78	7,8	57,3
Elévateur à godets	7,5	0,85	6,37	0,8	10,5	84,9

TRANSFORMATEUR 7 :

Tour réfrigérante :

Désignation	Puissance installées (kW)	Cosφ	Puissance mesurée (kW)	Cosφ mesuré	Courant mesuré (A)	Taux de charge(%)
ventilateur tour réfrigérant 1	50	0,86	27,3	0,79	54	54,6
ventilateur tour réfrigérant 2	50	0,86	27,3	0,86	50	54,6
ventilateur tour réfrigérant 3	45	0,86	22	0,77	45	48,88
ventilateur tour réfrigérant 4	45	0,86	24,2	0,77	47	53,77
pompe eau tour réfrigérant	175	0,86	153	0,84	280	87,42
pompe à mélasse 1	11	0,8	0,7	5,3	12,3	6,36
pompe à mélasse 2	11	0,8	0,66	5	12	6

TRANSFORMATEUR 8 :

PKF :

Désignation	Puissance installées (kW)	Cosφ	Puissance mesurée (kW)	Cosφ mesuré	Courant mesuré (A)	Taux de charge(%)
pompe à boue 1	22	0,86	3,37	0,98	4,47	15.3
pompe à boue 2	22	0,86	9,27	0,98	14,1	42,1
pompe à eau de de-sucrage 1	37	0,86	3,21	0,98	5,81	8,6
pompe à eau de de-sucrage 2	37	0,86	3,46	0,98	6,24	9,3
pompe petit jus	55	0,86	37,7	0,88	67,5	68,5
pompe grand jus	55	0,86	44,1	0,86	81,2	80,1
réserve PJ GJ	55	0,86	0	0	0	0
agitateur	7,5	0,86	3,51	0,75	7,6	46,8
bande à boue	11	0,86	2,41	0,44	8,5	21,9
pompe acide	5,5	0,86	0	0	0	0
vis à boue 1	33	0,86	5,82	0,73	12	17,6
vis à boue 2	33	0,86	6	0,77	14.3	18,1
vis à boue 3	33	0,86	5,5	0,76	12.4	16,6
compresseur 1	***	0,86	51	0,87	94	***
compresseur 2	***	0,86	51,64	0,87	94	***
pompe haute pression	45	0,86	0	0	0	0
PKF 1	30	0,86	0	0	0	0
PKF 2	30	0,86	0	0	0	0
PKF 3	30	0,86	0	0	0	0
pont roulant	15	0,86	0	0	0	0

TRANSFORMATEUR 10 :

Pompes à betteraves et presses merciers :

désignation	Puissance installées (kW)	Cosφ	Puissance mesurée (kW)	Cosφ mesuré	Courant mesuré (A)	Taux de charge(%)
pompe à betterave 1	250	0,86	210	0,82	389	84
pompe à betterave 2 / réserve	250	0,86	0	0	0	0
presses mercier 1	250	0,86	195	0,98	295	78
presses mercier 2	250	0,86	145	0,98	145	58
pompe jus vert tamissé 1	110	0,86	46	0,98	69	41,8
pompe jus vert tamissé 2	110	0,86	0	0	0	0

ANNEXE 6 :

TEST 1-2-3 : PERFORMANCE DES MOTEURS :

- **Critère 1**: Âge du moteur.
  L'année de fabrication figure sur la plaque signalétique ou peut être demandée au fabriquant (pour lui le numéro de modèle est important).
- **Critère 2** : Puissance nominale.
  Elle figure également sur la plaque signalétique.
- **Critère 3**: Heures de fonctionnement.
  La consommation d'énergie peut être calculée par l'assistance technique ou lue sur le compteur des heures de fonctionnement.

ÂGE DU MOTEUR				
≤ 5 ans	≤ 10 ans	≤ 15 ans	≤ 20 ans	>20 ans
1	2	3	4	5

PUISANCE NOMINALE				
$>1500KW$	$\leq 1500KW$	$\leq 500KW$	$\leq 150KW$	$\leq 50KW$
1	2	3	4	5

HEURES DE FONCTIONNEMENT PAR AN				
$\leq 2000h$	$\leq 3000h$	$\leq 4000h$	$\leq 5000h$	$>5000h$
1	2	3	4	5

Méthode : Tu définis une valeur entre 1 et 5 respectivement pour l'âge, la puissance nominale et les heures de fonctionnement ; la pertinence des mesures pour le moteur contrôlé est déterminée par la somme des trois valeurs :

Classement du moteur			
1 2 3 4 5	6 7 8 9	10 11 12 13 14 15	
Aucune mesure ne s'impose	Être attentif au moteur	Le changement du moteur s'impose	

On a fait ce test sur tout les moteurs de chaque station, les tableauXsuivants présentent les résultats du test.

Cristallisation :

désignation	âge	puissance installée	heures de fonctionnements		somme
pompe refondoire (moret) 1	2	30	5	2160	2	9
pompe refondoire (moret) 2	2	30	5	2160	2	9
pompe refondoire (moret) 3	2	30	5	2160	2	9
agitateur refondoire 2éme jet N°1	2	30	5	2160	2	9
agitateur refondoire 2éme jet N°2	2	18,5	5	2160	2	9
pompe LS1 (moret) 1	2	30	5	2160	2	9
pompe LS1 (moret) 2/réserve	2	30	5	2160	2	9
transporteur 1 sucre blanc 1er (kreiss) M1.1	2	2,7	5	2160	2	9
transporteur 1 sucre blanc 1er (kreiss) M1.2	2	2,7	5	2160	2	9
transporteur 1 sucre blanc 1er (kreiss) M2.1	2	2,7	5	2160	2	9
transporteur 1 sucre blanc 1er (kreiss) M2.2	2	2,7	5	2160	2	9
bande 1 sucre blanc 1er jet	2	5,5	5	2160	2	9
bande 2 sucre blanc 1er jet	2	5,5	5	2160	2	9
bande 4 sucre blanc 1er jet	2	5,5	5	2160	2	9
sécheur de sucre	2	45	5	2160	2	9
refroidisseur (ventilateur) pour sécheur	2	132	4	2160	2	8
pompe refondoire grue gout 1er jet	2	7,5	5	2160	2	9
pompe bac du fines 1er jet	2	22	5	2160	2	9
pompe ballon des condensats 1er jet	2	11	5	2160	2	9
pompe égouts riche 1er jet	2	7,5	5	2160	2	9
pompe égouts pauvre 1er jet	2	7,5	5	2160	2	9
pompe réserve égouts riche/pauvre	2	18,5	5	2160	2	9
pompe malaxeur PDC 1er jet vers CC	2	11	5	2160	2	9
pompe extraction CC 1er jet vers Mxr	2	30	5	2160	2	9
pompe malaxeur CC 1er jet vers ragot 1er jet	2	30	5	2160	2	9
pompe bac lavage CC 1er N°1	2	45	5	2160	2	9
vidange pompe lavage petite	2	5,5	5	2160	2	9
turbine discontinue 1er jet N°1	2	230	4	2160	2	8
turbine discontinue 1er jet N°2	2	200	4	2160	2	8
turbine discontinue 1er jet N°3	2	200	4	2160	2	8
turbine discontinue 1er jet N°4	2	200	4	2160	2	8
malaxeur 1er jet	2	11	5	2160	2	9
ragot 1er jet	2	7,5	5	2160	2	9
malaxeur PDC 1er jet	2	11	5	2160	2	9
vis sucre 2eme jet	2	7,5	5	2160	2	9
pompe égouts 2_1	2	7.5	5	2160	2	9
pompe sortie tour Baltimore N°1	2	37	5	2160	2	9
pompe ballon de condensat sécheur	2	5,5	5	2160	2	9

désignation					
pompe ballon des condensats 2eme jet	2	11	5	2160	2	9
pompe de clairçage des turbine N1	2	5,5	5	2160	2	9
pompe de clairçage des turbine N2 / réserve	2	11	5	2160	2	9
pompe condensat CC2	2	11	5	2160	2	9
pompe LS2	2	15	5	2160	2	9
pompe LS2 / réserve	2	15	5	2160	2	9
écluse	2	5.5	5	2160	2	9
vis vers sécheur	2	7.5	5	2160	2	9
ragot affinage	2	7.5	5	2160	2	9
ventilateur extracteur	2	7.5	5	2160	2	9
pompe égouts 2 droit LS2	2	7.5	5	2160	2	9
pompe égouts 2 gauche LS2	2	7.5	5	2160	2	9

désignation	âge	Puissance installée	heures de fonctionnements		somme
empâteur vers égouts pauvre	2	5,5	5	2160	2	9
pompe réserve égouts 2 / affinage	2	7,5	5	2160	2	9
pompe malaxeur PDC 2eme jet vers CC2 (F150)	2	7,5	5	2160	2	9
pompe d'extraction CC 2eme jet vers Mxr 2eme jet	2	11	5	2160	2	9
pompe bac lavage CC 2eme jet	2	18,5	5	2160	2	9
malaxeur 2eme jet M1	2	7,5	5	2160	2	9
malaxeur 2eme jet M2	2	7,5	5	2160	2	9
ragot 1er jet	2	7,5	5	2160	2	9
ragot 2eme jet	2	5,5	5	2160	2	9
ragot 3eme jet	2	7,5	5	2160	2	9
malaxeur PDC 2eme jet (ancien malaxeur N°0)	2	12,5	5	2160	2	9
empâteur	2	11	5	2160	2	9
pompe empâteur vers turbine affinage	2	5,5	5	2160	2	9
turbine continue 2eme jet N°1	2	90	5	2160	2	9
turbine continue 2eme jet N°2	2	90	5	2160	2	9
turbine continue 2eme jet N°3	2	90	5	2160	2	9
malaxeur vertical 3eme jet N°1 (agitateur)	2	11	5	2160	2	9
malaxeur vertical 3eme jet N°2 (agitateur)	2	11	5	2160	2	9
pompe MC malaxeur N°7 vers Mxr 3eme jet	2	11	5	2160	2	9
pompe MC malaxeur vertical vers ragot 3eme jet	2	11	5	2160	2	9
vis à sucre 3eme jet vers refondoire	2	7,5	5	2160	2	9
vis à sucre 3eme jet	2	4,5	5	2160	2	9
vis à sucre 3eme jet à 2 sens : empâteur/refonte	2	7,5	5	2160	2	9
turbine continue 3eme jet N°1	2	90	5	2160	2	9
turbine continue 3eme jet N°2	2	90	5	2160	2	9

turbine continue 3eme jet N°3	2	90	5	2160	2	9
turbine continue 3eme jet N°4	2	90	5	2160	2	9
turbine affinage	2	90	5	2160	2	9
pompe a mélasse 1	2	7,5	5	2160	2	9
pompe a mélasse 2 / réserve	2	7,5	5	2160	2	9
pompe a mélasse 3	2	18,5	5	2160	2	9
pompe à vide N°1 / réserve	4	132	5	2160	2	11
pompe à vide N°2 / réserve	4	132	5	2160	2	11
pompe à vide N°3 / réserve	4	110	5	2160	2	11
pompe à vide N°4 / réserve	4	132	5	2160	2	11
pompe à vide N°5	4	250	5	2160	2	11
pompe à eau barométrique N°1	4	132	5	2160	2	11
pompe à eau barométrique N°2 / réserve	4	132	5	2160	2	11
pompe à eau chaude N°1	2	22	5	2160	2	9
pompe à eau chaude N°2 / réserve	2	22	5	2160	2	9
pompe à eau vers lavoir	2	30	5	2160	2	9
pompe hydraulique cuite N°1	2	3	5	2160	2	9
pompe hydraulique cuite N°2	2	3	5	2160	2	9
pompe bac pour malaxeur réfrigérants N°1	2	4	5	2160	2	9
pompe bac pour malaxeur réfrigérants N°2	2	4	5	2160	2	9
pompe bac pour malaxeur réfrigérants N°3	2	4	5	2160	2	9
pompe alimentation tour Baltimore N°1	2	37	5	2160	2	9
pompe alimentation tour Baltimore N°2	2	37	5	2160	2	9
pompe masse cuite de malaxeur 550HC cuite	2	18,5	5	2160	2	9
agitateur bac des fines	2	5,5	5	2160	2	9
vis à sucre humide N1	2	7,5	5	2160	2	9
vis à sucre humide N2	2	7,5	5	2160	2	9
élévateur à godets	2	7,5	5	2160	2	9

Chaufferie : chaudière à bagasse.

DESIGNATION	âge	puissance installée (Kw)		heures de fonctionnements		somme
ALIMENTATEUR A BAGASSE N°1	2	3	5	2160	2	9
ALIMENTATEUR A BAGASSE N°2	2	3	5	2160	2	9
ALIMENTATEUR A BAGASSE N°3	2	3	5	2160	2	9
ALIMENTATEUR A BAGASSE N°4	2	3	5	2160	2	9
LIVREUR BAGASSE	2	11	5	2160	2	9
BANDE HORIZONTAL BAGASSE	2	11	5	2160	2	9
BANDE DE RETOUR BAGASSE HORIZONTALE	2	18,5	5	2160	2	9
TABLE BAGASSE	2	1,5	5	2160	2	9
VENTILATEUR TIRAGE BAGASSE	2	250	3	2160	2	7
VENTILATEUR BAGASSE	2	90	4	2160	2	8

DESIGNATION	âge	puissance installée (Kw)		heures de fonctionnements	somme	
TRANSPORTEUR ELEVATEUR A BANDE	2	18,2	5	2160	2	9
TRANSPORTEUR DISTRIBUTEUR	2	37	5	2160	2	9
TRANSPORTEUR DE MISE EN STOCK/ RETOUR	2	18,5	5	2160	2	9
TRANSPORTEUR DE REPRISE BAGASSE	2	15	5	2160	2	9
VENTILATEUR DISTRIBUTION	2	9,2	5	2160	2	9
VENTILATEUR TURBULENCE	2	18,5	5	2160	2	9
VENTILATEUR AIR SECONDAIRE N°1	2	9,2	5	2160	2	9
VENTILATEUR AIR SECONDAIRE N°2 RESERVE	2	9,2	5	2160	2	9
VENTILATEUR FOYER (DISTRIBUTION)	2	18,5	5	2160	2	9
POMPE D'EAU ALIMENTATION BACH ALIMENTAIRE	2	15	5	2160	2	9
RESERVE ALIMENTATION BACH ALIMENTAIRE	2	11	5	2160	2	9
POMPE D'EAU ALIMENTATION BACH EVAPORATION	2	15	5	2160	2	9

Chaudières :

DESIGNATION	âge	puissance installée (Kw)		heures de fonctionnements		somme
POMPE A EAU BRUT N°1	2	11	5	2160	2	9
POMPE A EAU BRUT N°2 RESERVE	2	11	5	2160	2	9
POMPE A REMPLISSAGE (IMPULSION)	2	11	5	2160	2	9
POMPE A RESERVE (IMPULSION)	2	11	5	2160	2	9
SOUFLEUR DE SUIE CH1	2	0,3	5	2160	2	9
SOUFLEUR DE SUIE CH2	2	0,3	5	2160	2	9
SOUFLEUR DE SUIE CH3	2	0,3	5	2160	2	9
DISTRIBUTEUR DE CHARBON N°1	2	1,5	5	2160	2	9
DISTRIBUTEUR DE CHARBON N°2	2	1,5	5	2160	2	9
DISTRIBUTEUR DE CHARBON N°3	2	1,5	5	2160	2	9
EAU DE LAVAGE	2	3	5	2160	2	9
POMPE DOSEUSE	2	0,12	5	2160	2	9
POMPE D'ALIMETATION CHAUDIERE	2	240	3	2160	2	7
GRILLE N°1	2	2,2	5	2160	4	11
GRILLE N°2	2	2,2	5	2160	4	11
GRILLE N°3	2	2,2	5	2160	4	11
VENTILATEUR AIR PRIMAIRE N°1	2	45	5	2160	2	9
VENTILATEUR AIR PRIMAIRE N°2	2	45	5	2160	2	9
VENTILATEUR AIR PRIMAIRE N°3	2	45	5	2160	2	9
AGITATEUR	2	0,75	5	2160	2	9

DESIGNATION	âge	Puissance installée		heures de fonctionnements		somme
MOTEUR BANDE OBLIQUE CHARBON	2	9,19	5	2160	2	9
BANDE REVERSIBLE 2XMOTEUR	2	9	5	2160	2	9
BANDE HORIZENTALE VERS SECHERIE	2	4,41	5	2160	2	9
BANDE OBLIQUE SECHEUR	2	12,5	5	2160	2	9
VENTILATEUR TIRAGE CHAUDIERE N°1	2	110	5	2160	2	9
VENTILATION MOTEUR N°1	2	2,2	5	2160	2	9
VENTILATEUR TIRAGE CHAUDIERE N°2	2	110	4	2160	2	8
VENTILATION MOTEUR N°2	2	2,2	5	2160	2	9
VENTILATEUR TIRAGE CHAUDIERE N°3	2	110	4	2160	2	8
VENTILATION MOTEUR N°3	2	2,2	5	2160	2	9

Four à chaux :

DESIGNATION	âge	Puissance installée		heures de fonctionnements		somme
SEPARATEUR DE SABLE N°1	2	1,1	5	2160	2	9
SEPARATEUR DE SABLE N°2	2	1,1	5	2160	2	9
SEPARATEUR DE SABLE N°3	2	1,1	5	2160	2	9
SEPARATEUR DE SABLE N°4	2	1,1	5	2160	2	9
BANDE DE REJET PIERRE	2	3	5	2160	2	9
POMPE POUR FOSSE N°1	2	22	5	2160	2	9
POMPE POUR FOSSE N°2/ RESERVE	2	0	5	2160	2	9
TOMBOUR D'EXTINCTION	2	21,5	5	2160	2	9
AGITATEUR LAIT DE CHAUX N°1	2	11	5	2160	2	9
AGITATEUR LAIT DE CHAUX N°2	2	7,5	5	2160	2	9
AGITATEUR LAIT DE CHAUX N°3	2	11	5	2160	2	9
AGITATEUR LAIT DE CHAUX N°4	2	11	5	2160	2	9
POMPE LAIT BOUE N°3 FAB	2	11	5	2160	2	9
POMPE LAIT BOUE N°4 FAB /RESERVE	2	11	5	2160	2	9
POMPE LAVEUR GAZ N°1	2	15	5	2160	2	9
POMPE LAIT BOUE N° 1CLASS	2	4	5	2160	2	9
POMPE LAIT BOUE N°2 CLASS/RESERVE	2	0	5	2160	2	9
CLASSIFICATEUR	2	3.67	5	2160	2	9
ELEVATEUR A GODETS	2	14,2	5	2160	2	9
VENTILATEUR A GAZ F,C	2	18,5	5	2160	2	9
POMPE A HUILE	2	2,2	5	2160	2	9

GOULOTTE A SECOUSSE	2	0,885	5	2160	2	9
GOULOTTE DE DISTRIBUTION	2	0,3	5	2160	2	9
VIBREUR SILOT	2	0,61	5	2160	2	9
MACHINE ELEVATRICE	2	22	5	2160	2	9
GOULOTTE ANTRACITE	2	0,61	5	2160	2	9
TRIMIE DEC CHARGE	2	1,05	5	2160	2	9
DISQUE TOURNANT	2	4	5	2160	2	9
BANDE DE REJET N°2	2	7,5	5	2160	2	9
GOULOTTE PIERRE M1 M2	2	1,77	5	2160	2	9
GOULOTTE DE SOUTIRATION N°1	2	0,8	5	2160	2	9
GOULOTTE DE SOUTIRATION N°2	2	0,8	5	2160	2	7
GOULOTTE DE SOUTIRATION N°3	2	0,8	5	2160	2	9
GOULOTTE PIERRE A CHAUX M1	2	0,61	5	2160	2	9
GOULOTTE PIERRE A CHAUX M2	2	0,61	5	2160	2	9
POMPE A GAZ CO2 N°1	2	180	3	2160	2	7
POMPE A GAZ CO2 N°2	2	200	3	2160	2	7
POMPE A GAZ CO2 N°3	2	200	3	2160	2	7
POMPE A GAZ CO2 N°4	2	160	3	2160	2	7
POMPE A GAZ CO2 N°5 / RESERVE	2	160	3	2160	2	7

Epuration :

désignation	âge	puissance installée	heures de fonctionnements	somme
pompe jus trouble 2 2	1	75	4	2160	2	7
jus trouble 1 2	1	75	4	2160	2	7
jus trouble 1 1	1	75	4	2160	2	7
pompe à jus clair N°2	1	110	4	2160	2	7
pompe bac à boue filtre rotatif N°1	1	22	5	2160	2	8
pompe bac à boue filtre rotatif N°2	1	22	5	2160	2	8
pompe jus pré-chaulé N°1	1	90	4	2160	2	7
presse N°4	1	55	4	2160	2	7
presse N°5	1	55	4	2160	2	7
presse N°3	1	55	4	2160	2	7
malaxeur 1 réfrigèrent 3eme jet	1	11	5	2160	2	8
malaxeur 2 réfrigèrent 3eme jet	1	11	5	2160	2	8
malaxeur 3 réfrigèrent 3eme jet	1	11	5	2160	2	8
malaxeur 4 réfrigèrent 3eme jet	1	11	5	2160	2	8
malaxeur 5 réfrigèrent 3eme jet	1	11	5	2160	2	8
malaxeur 6 réfrigèrent 3eme jet	1	11	5	2160	2	8
malaxeur 7 réfrigèrent 3eme jet	1	11	5	2160	2	8
agitateur naveau	1	55	4	2160	2	7
pompe jus chaulé	1	110	4	2160	2	7
agitateur trouble 1 jus trouble 1	1	15	5	2160	2	8
Pré-chaulage 1	1	15	5	2160	2	8

Désignation					
agitateur chauleur	1	11	5	2160	2	8
agitateur jus chaulé	1	15	5	2160	2	8
agitateur pré-chauleur	1	37	5	2160	2	8
pompe vers PKF 1	1	75	4	2160	2	7
pompe vers PKF 2	1	75	4	2160	2	7
pompe de concentration	1	37	5	2160	2	8
pompe acide	1	5,5	5	2160	2	8
pompe vers pré-chauleur 1	1	55	5	2160	2	8
pompe vers pré-chauleur 2	1	55	5	2160	2	8

Diffusion :

Désignation	âge	Puissance installées (Kw)		heures de fonctionnement		somme
Vis DOUBLE M1	1	37	5	2160	2	8
VIS PULPE SORTIE DIFFUSION	1	30	5	2160	2	8
TRANSPORTEUR VRERS PRESSE	1	15	5	2160	2	8
POMPE HP NETTOYAGE TETE	1	5,5	5	2160	2	8
BRISE MOUSSE N°1	1	5	5	2160	2	8
BRISE MOUSSE N°2	1	5	5	2160	2	8
POMPE EGOUTAGE VIS PULPE	1	4	5	2160	2	8
POMPE PREPARATION GYPS	1	11	5	2160	2	8
BANDE A CAUSSETE	1	22	5	2160	2	8
POMPE PREPARATION GYPS RESERVE	1	22	5	2160	2	8
TOURNIQUET N°5	1	0,37	5	2160	2	8
TOURNIQUET N°6	1	0,37	5	2160	2	8
POMPE STOCKAGE/INJECTION GYPS/réserve	1	30	5	2160	2	8
POMPE STOCKAGE/INJECTION GYPS	1	11	5	2160	2	8
TOURNIQUET N°1	1	0,37	5	2160	2	8
TOURNIQUET N°2	1	0,37	5	2160	2	8
TOURNIQUET N°3	1	0,37	5	2160	2	8
TOURNIQUET N°4	1	0,37	5	2160	2	8
BANDE DE REJET	1	18,4	5	2160	2	8
AGITATEUR BAC EAU FRAICHE	1	2,2	5	2160	2	8
AGITATEUR BAC EAU STOCKAGE CYPS DILUE	1	2,2	5	2160	2	8
AGITATEUR BAC PREPARATION GYPS	1	2,2	5	2160	2	8
POMPE EAU DE PRESSE TAMISSEE/N.TAMISSEE RESERVE	1	55	5	2160	2	8
POMPE EAU DE PRESSE TAMISSEE	1	55	5	2160	2	8
POMPE EAU DE PRESSES NON TAMISEE	1	30	5	2160	2	8
POMPE A EAU FRAICHE	1	18,5	5	2160	2	8
POMPE A EAU FRAICHE / RESERVE	1	22	5	2160	2	8
POMPE DE CIRCULATION EAU FRAICHE	1	18,5	5	2160	2	8

REPULPEUR EAU DES PRESSES	1	3	5	2160	2	8
ALIMENTATION PALAN STATION GYPS	1	1,5	5	2160	2	8
BANDE SOUS PRESSE N°1:/2/3	1	5,5	5	2160	2	8
POMPE DOSEUSE H2SO4	1	0,75	5	2160	2	8
POMPE DOSEUSE H2SO4 RESERVE	1	0,75	5	2160	2	8
POMPE EAUX CONDENSEES	1	3	5	2160	2	8
POMPE EAUX CONDENSEES /RESERVE	1	3	5	2160	2	8
VIS DOUBLE M2	1	37	5	2160	2	8
POMPE EAU DE /PRESSE N°2	1	30	5	2160	2	8
VIBREUR GYPSE	1	0,5	5	2160	2	8
VIS PULPE VERS VIS DOUBLE	1	37	5	2160	2	8
POMPE EAU DE PRESSE N°1	1	30	5	2160	2	8
TRANSPORTEUR ELEVATEUR	1	30	5	2160	2	8
BANDE SOUS PRESSE MERCIER	1	7,5	5	2160	2	8
POMPE SOUTIRAGE N°1	1	75	4	2160	2	7
POMPE SOUTIRAGE N°2	1	75	4	2160	2	7
POMPE JUS DE CIRCULATION N°1	1	55	4	2160	2	7
POMPE JUS DE CIRCULATION N°2/RESERVE	1	55	4	2160	2	7
POMPE A COSSETTES N°1	1	55	4	2160	2	7
POMPE A CAUSSETTES N°2/réserve	1	55	4	2160	2	7
MOTEUR DIFFUSION	1	110	4	2160	2	7
MOTEUR DIFFUSION	1	110	4	2160	2	7
VENTILLATION FORCEE DES MOTEURS DIFFUSION	1	0,75	5	2160	2	8
VENTILLATION FORCEE DES MOTEURS DIFFUSION	1	0,75	5	2160	2	8
VIS TRANSPORT GYPS	1	1,5	5	2160	2	8
MOTEUR MALAXEUR	1	60	4	2160	2	7
POMPE GRAISSAGE MALAXEUR	1	0,75	5	2160	2	8
SEPARATEUR	1	7,5	5	2160	2	8
MOTEUR COUPE RACINE	1	160	3	2160	2	6
MOTEUR COUPE RACINE	1	55	4	2160	2	7
VENTILATION MOTEUR COUPE RACINE	1	0,55	5	2160	2	8
VENTILATION MOTEUR COUPE RACINE	1	0,55	5	2160	2	8
ECLUSE OSCILLATTEUR	1	0,75	5	2160	2	8
ECLUSE OSCILLATTEUR	1	0,75	5	2160	2	8
ECLUSE OSCILLATTEUR	1	0,75	5	2160	2	8
ECLUSE OSCILLATTEUR	1	0,75	5	2160	2	8
AGITATEUR BAC STOCKAGE GYPS DILUE	1	2,2	5	2160	2	8
BANDE A COSSETTE	1	22	5	2160	2	8
COMPRESSEUR	1	75	4	2160	2	7

Pompes égouts :

DESIGNATION	âge	puissance installée (Kw)	heures de fonctionnement		somme
POMPE DES EGOUTS	2	75	4	2160	2	8
POMPE DES EGOUTS	2	75	4	2160	2	8
POMPE DES EGOUTS	2	75	4	2160	2	8
POMPE DES EGOUTS	2	75	4	2160	2	8
POMPE	2	4	5	2160	2	9

Epierreur :

DESIGNATION	âge	puissance installée (Kw)	heures de fonctionnement		somme
EPUREUR TOMBOUR	2	11	5	2160	2	9
BANDE DE REJET N° 1	2	4	5	2160	2	9
BANDE DE REJET N°2	2	4	5	2160	2	9
DEHERBEUR N°1	2	2,2	5	2160	2	9
DEHERBEUR N°2	2	2,2	5	2160	2	9

Culbuteur :

DESIGNATION	âge	puissance installée (Kw)	heures de fonctionnement		somme
POMPE HYDRAULIQUE 1	1	45	5	2160	2	8
POMPE HYDRAULIQUE 2	1	45	5	2160	2	8
POMPE HYDRAULIQUE 3	1	45	5	2160	2	8
POMPE HYDRAULIQUE 4	1	45	5	2160	2	8
POMPE A HUILE	1	4	5	2160	2	8
POMPE A HUILE	1	4	5	2161	2	8
POMPE A HUILE	1	2,2	5	2162	2	8
POMPE A HUILE	1	2,2	5	2163	2	8
VENTILLATION RADIATEUR D'HUILE	2	0,75	5	2164	2	9
VENTILLATION RADIATEUR D'HUILE	2	0,75	5	2165	2	9
VENTILLATION RADIATEUR D'HUILE	2	0,75	5	2166	2	9
VENTILLATION RADIATEUR D'HUILE	2	0,75	5	2167	2	9

Système Bruckner :

DESIGNATION	âge	puissance installée (Kw)	heures de fonctionnement		somme
CLASSIFICATEUR	4	22	5	2160	2	11

PONT	4	15	5	2160	2	11
POMPE A BOUT	4	15	5	2160	2	11
ASPIRATEUR DE LA MOUSSE	4	5,5	5	2160	2	11
COLLECTEUR DE LA MOUSSE	4	0,55	5	2160	2	11
COLLECTEUR DE LA MOUSSE	4	0,55	5	2160	2	11
VIS DE LA MOUSSE	4	1,1	5	2160	2	11

Silo betteraves déverseur :

DESIGNATION	âge	puissance installée (Kw)		heures de fonctionnement		somme
MOTEUR CHARIOT	3	2,2	5	2160	2	10
MOTEUR CHARIOT	3	2,2	5	2160	2	10
MOTEUR CONVOYEUR	3	37	5	2160	2	10
TOMBOUR BANDE	3	11	5	2160	2	10
CABLE TOMBOUR	3	2,2	5	2160	2	10
BANDE A REJET POUSSIERE	3	4	5	2160	2	10
MOTEUR DIVERSEUR	3	4	5	2160	2	10
LEVER /BAISSER LA FLECHE	3	2,2	5	2160	2	10
VENTILLATION	1	11	5	2160	2	8
VENTILLATION	1	11	5	2160	2	8
VENTILLATION	1	11	5	2160	2	8
VENTILLATION	1	11	5	2160	2	8
BANDE D'ALMENATATION /PS	2	7,5	5	2160	2	9
RUBAN A PLAQUE	2	18,5	5	2160	2	9
RUBAN A PLAQUE	2	18,5	5	2160	2	9

Pompes abatage :

DESIGNATION	âge	puissance installée (Kw)		heures de fonctionnement		somme
POMPE	4	160	3	2160	2	9
POMPE	4	160	3	2160	2	9
POMPE abatage	4	30	5	2160	2	11
POMPE abatage	4	22	5	2160	2	11

PKF :

désignation	âge	puissance installée		heures de fonctionnement		somme
pompe à boue 1	1	22	5	2160	2	8
pompe à boue 2	1	22	5	2160	2	8
pompe à eau de de-sucrage 1	1	37	5	2160	2	8
pompe à eau de de-sucrage 2	1	37	5	2160	2	8
pompe petit jus	1	55	4	2160	2	7
pompe grand jus	1	55	4	2160	2	7
réserve PJ GJ	1	55	4	2160	2	7
agitateur	1	7,5	5	2160	2	8
bande à boue	1	11	5	2160	2	8
pompe acide	1	5,5	5	2160	2	8
vis à boue 1	1	33	5	2160	2	8
vis à boue 2	1	33	5	2160	2	8
vis à boue 3	1	33	5	2160	2	8
compresseur 1	1	***	5	2160	2	8
compresseur 2	1	***	5	2160	2	8
pompe haute pression	1	45	5	2160	2	8
PKF 1	1	30	5	2160	2	8
PKF 2	1	30	5	2160	2	8
PKF 3	1	30	5	2160	2	8
pont roulant	1	15	5	2160	2	8

Pompes betteraves :

désignation	âge	Puissance installée		heures de fonctionnement		somme
pompe à betterave 1	1	250	3	2160	2	6
pompe à betterave 2 / réserve	1	250	3	2160	2	6
presses mercier 1	1	250	3	2160	2	6
presses mercier 2	1	250	3	2160	2	6
pompe jus vert tamisé 1	1	110	4	2160	2	7
pompe jus vert tamisé 2	1	110	4	2160	2	7

Tour réfrigérant :

désignation	âge	Puissance installée		heures de fonctionnement		somme
ventilateur tour réfrigérante 1	1	50	5	2160	2	8
ventilateur tour réfrigérante 2	1	50	5	2160	2	8
ventilateur tour réfrigérante 3	1	45	5	2160	2	8
ventilateur tour réfrigérante 4	1	45	5	2160	2	8
pompe eau tour réfrigérante	1	175	3	2160	2	6
pompe à mélasse 1	2	11	5	2160	2	9
pompe à mélasse 2	2	11	5	2160	2	9

ANNEXE 7 :

- **Calcul des pertes thermiques :**

Avant de mettre le tableau des calcul, les formules avec lesquelles nous avons calculé les pertes ont été inventées par M. Roger Cadiergues en 1962. Polytechnicien, ancien directeur du Costic,ancien conseiller scientifique de l'AICVF, et auteurs de nombreux ouvrages et de chroniques.

Fluide	Dte (en m)	Ta en °C	T(tube) en °C	Position du tube	Longueur du tube (m)	Puissance dissipée en w/m	Power	Echange thermique	Pertes en KW
Alimentation eau condensé	0,15	39	93,6	Horizontale	1	358,09	4,37	54,6	0,36
Alimentation eau condensé	0,5	39	83,4	Verticale	0,1	419,88	3,07	44,4	0,04
Alimentation eau condensé	0,15	39	91,4	Verticale	0,1	171,27	4,32	52,4	0,02
Vapeur	0,15	47,5	375	Verticale	0,7	1498,51	6,84	327,5	1,05
Vapeur	0,2	47,5	320	Verticale	0,1	1578,37	6,08	272,5	0,16
Vapeur	0,2	20	68	Verticale	1,6	197,13	3,94	48	0,32
Eau entrée ballon	0,15	35,6	324	Verticale	0,15	1281,02	6,62	288,4	0,19
Eau	0,15	54,6	300	Verticale	0,3	1053,57	6,36	245,4	0,32
Eau	0,11	46,8	274	Verticale	0,15	714,94	6,74	227,2	0,11
Eau bac	0,2	38	90	Verticale	0,4	217,90	4,02	52	0,09
Eau	0,11	37	320	Verticale	0,5	931,50	7,12	283	0,47
Eau	0,11	37	320	Verticale	0,5	931,50	7,12	283	0,47
Eau	0,11	37	320	Verticale	0,5	931,50	7,12	283	0,47
Vapeur	0,2	40	375	Horizontale	0,22	5567,65	6,40	335	1,22
Vapeur	0,2	40	303	Horizontale	0,3	3872,45	6,02	263	1,16
Vapeur	0,15	40	105	Horizontale	0,3	446,40	4,56	65	0,13

Vapeur	0,4	40	130	Horizontale	1,5	1644,22	3,87	90	2,47
Vapeur	0,25	40	130	Verticale	0,2	507,78	4,36	90	0,10
Vapeur	0,4	39	120	Horizontale	1,5	1430,62	3,77	81	2,15

Pertes totales (KW)
11,27

Calcul des pertes de la non calorifugation

Perte totales en KW	11,27
Pertes en KWH	24351,09
Pertes en charbon (kg)	2993,17
Gain émission de CO2 (tonne)	23,82
Gain (DH)	8979,51

Formules de conversion :
1kwh=860,42065 Kcal
Pouvoir calorifique du charbon =7000kcal/kg
1kwh charbon = 978 g CO2

ANNEXE 8 :

- Entrainement d'une pompe par un VEV :

Désignation de la pompe	Débit (m3/h)	n (rpm)	Pa (kW)	H(m)	Gain Perte De Charge(m)	Energie consommée à vitesse constante (kWh)	Energie consommée à vitesse réduite (kWh)	Energie économisée (kWh)	Gain en pourcentage	Puissance économisée (KW)	Gain (MAD)	Coût d'investissement (MAD)	Période de rentabilité (an)	Gain émission CO2 (tonne)
Jus trouble 1	350	1050	58,53	40	4	105 190,26	46 524,06	58 666,20	55,77%	21,67	58 666,20	75 000,00 MAD	1,28	57,38
		900	36,86	36										
	285	1050	52,10	42	18					29,06				
		800	23,04	24										
	165	1050	41,90	47	20					23,37				
		800	18,53	27										
Jus trouble 2	350	1050	55,98	40	18					39,4				
		700	16,59	22										
	275	1050	49,23	43	19	99 477,22	43997,2651 6	55 479,95	55,77%	27,46	55 479,95	75 000,00 MAD	1,35	54,26
		800	21,77	24										
	155	1050	39,70	47	20					22,14				
		800	17,56	27										
Jus clair 1	350	1246	89,80	60	33					55,97				
		900	33,84	27										
	210	1246	72,39	66	33	148 735,30	56051,5263 5	92 683,77	62,31%	45,11	92 683,77	110 000,00 MAD	1,19	90,64
		900	27,28	33										
	116	1246	61,80	68	33					38,51				
		900	23,29	35										

	350	1246	83,56	60	32			43,20	
		1246	40,36	28		156 468,75	65491,2700 9	40,78	110 000,00 MAD
Jus clair 2	265	1246	72,72	64	33			44,79	
		900	31,94	31			90 977,48	58,14%	90 977,48	1,21	88,98
	145	1246	71,87	68	34			34,37	
		900	27,09	34					
	350	1153	73,86	50	23			17,37	
		900	39,49	27		106 976,50	66136,8626 7	40 839,64	38,18%	40 839,64	110 000,00 MAD	2,69	39,94
Jus chaulé	285	1153	53,34	43	13				
		900	35,96	30					
	165	1153	41,90	47	20			21,97	
		900	19,93	27					

ANNEXE :

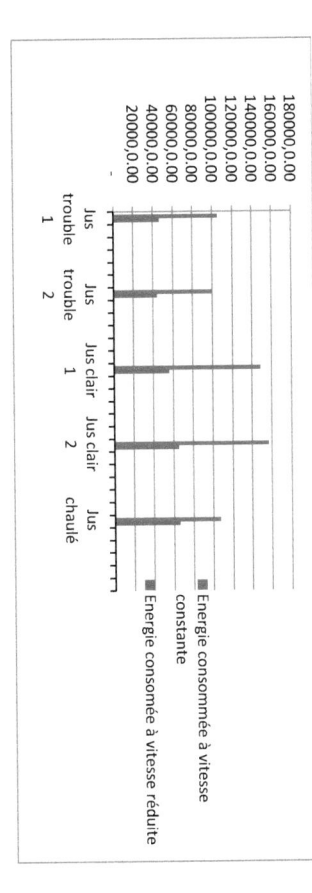

Récapitulatif des gains :

Gain énergétique total (kWh)	Gain total en DH	Gain en %	Réduction des émissions CO2(tonne)	Coût d'inverstissement	Période de rentabilité (an)
338 647,04	338 647,04	54,04%	331,20	480 000,00 MAD	1,42

ANNEXE 9 :

I. Calcul de la consommation des compresseurs :

Afin de connaitre la consommation totale, nous avons mesuré la puissance en charge en décharge et nous avons appliqué les formules suivantes pour calculer l'énergie totale consommée.

→ **Energie consommée en charge :**

$E_{charge} = P_{charge} \times$ Heures de fonctionnement en charge   **[kWh]**

→ **Energie consommée en décharge :**

$E_{charge} = P_{décharge} \times$ Heures de fonctionnement en décharge **[kWh]**

→ **Energie consommée totale :**

$E_{Totale\ consommée} = E_{charge} + E_{décharge}$ **[kWh]**

II. Calcul de la consommation avec VEV :

1) Etapes de calcul :

- → En ce qui concerne le VEV, nous allons devoir calculer la puissance électrique à l'entrée du moteur électrique quand le compresseur est en charge.
- → Ensuite, nous allons calculer la puissance de sortie du moteur, c'est à dire la puissance de l'entrée de l'arbre du moteur en charge
- → A partir de la puissance d'entrée du compresseur, nous allons calculer la puissance d'entrée moyenne du compresseur
- → Enfin nous allons déduire la puissance moyenne à l'entrée du moteur en divisant la puissance moyenne à l'entrée du compresseur par le rendement du moteur, du variateur et du compresseur.

Les formules utilisées dans le calcul se trouvent ci-dessous.

Puissance d'entrée électrique en charge :

$P_{charge} = (\sqrt{3} \times U_{mesurée\ en\ charge} \times I_{mesuré\ en\ charge} \times \cos\phi_{mesuré\ en\ charge})/1000$ **[kW]**.

Puissance mécanique du moteur en charge (puissance de l'entrée de l'arbre du moteur en charge)

$P_{mécanique\ en\ charge} = P_{charge} \times$ rendement du moteur

Puissance d'entrée de l'arbre du moteur pleine charge:

$P_{mc} = P_{mécanique\ en\ charge} \times$ rendement du compresseur

Puissance d'entrée moyenne du compresseur :

$P_{emc} = (P_{mc} \times$ Heures totales de fonctionnement $)/$ heures de fonctionnement en charge

Puissance d'entrée moyenne au moteur :

$$P_{emm} = \frac{P_{emc}}{rendement\ du\ moteur \times rendement\ du\ compresseur \times rendement\ du\ variateur\ de\ vitesse}$$

Calcul du coût annuel :

Coût annuel $= P_{emm} \times$ heures de fonctionnement totale $\times$ Prix unitaire du kWh

ANNEXE 10 :

La qualité d'énergie et les normes.

Le THD en tension caractérise la déformation de l'onde de tension. Selon la norme IEC 61000-2-2 :

> ### *Pour la tension :*

- Une valeur de THD inférieure à 5 % est considérée comme normale ; Aucun dysfonctionnement n'est à craindre ;
- Une valeur de THD comprise entre 5 et 8 % révèle une pollution harmonique significative, quelques dysfonctionnements sont possibles, le réseau nécessite une dissociation des charges polluantes ;
- Une valeur de THD supérieure à 8% révèle une pollution harmonique importante, des dysfonctionnements sont probables, le réseau nécessite la mise en place de dispositifs d'atténuation des harmoniques.

> ### *Pour le courant :*

- Une valeur de THD inférieur à 10% est considérée comme normale , aucun dysfonctionnement n'est à craindre ;
- Une valeur de THD comprise entre 10 et 50% révèle une pollution harmonique significative. Il y a risque d'échauffement, implique le surdimensionnement des câbles et des sources.
- Une valeur de THD supérieure à 50% révèle une pollution harmonique importante , des dysfonctionnement sont probables. Une analyse approfondie et la mise en place de dispositifs d'atténuation sont nécessaires.

> ### *Les normes :*

- NBN EN 13779 (2007): Ventilation dans les bâtiments non résidentiels- Spécifications des performances pour les systèmes de ventilation et de climatisation,
- La norme NBN EN 12464-1, on établit une nomenclature dans laquelle on retrouve pour différents locaux des bâtiments du tertiaire, entre autres, les paramètres suivants : le niveau d'éclairement moyen Em à respecter au niveau de la tâche, la valeur limite de l'UGR, l'indice du rendu des couleurs des lampes Ra, et des remarques spécifiques à des cas particuliers,
- NBN EN 378 : Systèmes de réfrigération et pompes à chaleur - Exigences de sécurité et d'environnement,
- Recommandations du RGPT en matière de qualité d'air des locaux,
- Normes CEI.

Oui, je veux morebooks!

I want morebooks!

Buy your books fast and straightforward online - at one of the world's fastest growing online book stores! Environmentally sound due to Print-on-Demand technologies.

Buy your books online at
www.get-morebooks.com

Achetez vos livres en ligne, vite et bien, sur l'une des librairies en ligne les plus performantes au monde!
En protégeant nos ressources et notre environnement grâce à l'impression à la demande.

La librairie en ligne pour acheter plus vite
www.morebooks.fr

OmniScriptum Marketing DEU GmbH
Heinrich-Böcking-Str. 6-8
D - 66121 Saarbrücken
Telefax: +49 681 93 81 567-9

info@omniscriptum.com
www.omniscriptum.com

Printed by Books on Demand GmbH, Norderstedt / Germany